浙江省高职院校"十四五"重点立项建设教材
高等职业教育系列教材

现代电工技术

主　编　李亚峰
副主编　温　瑞　宋菲菲
参　编　汪建武　吕林锋　汪志敏

机械工业出版社

本书系统地介绍了电工技术的基本内容，把培养学生的职业能力作为首要目标，内容系统连贯，深入浅出；案例通俗易懂，典型生动。

本书共七个项目，以智能产线电动机控制为载体，分别阐述了安全用电与电工测量、直流电路的分析与实践、正弦交流电路的分析与实践、三相电源与负载的连接、电动机控制电路的装调、直流稳压电源的制作和逻辑控制电路的实现。每个项目包含若干个工作任务、将理论教学与实践训练有机融于一体。

本书可作为高等职业院校电气自动化技术、工业机器人技术、机电一体化技术等专业的教材，也可供广大电工技术爱好者、职业培训人员使用。

本书配有教学视频，可扫描书中二维码直接观看，还配有授课电子课件、习题答案等，需要的教师可登录机械工业出版社教育服务网www.cmpedu.com 免费注册后下载，或联系编辑索取（微信：13261377872；电话：010-88379739）。

图书在版编目（CIP）数据

现代电工技术 / 李亚峰主编 . -- 北京：机械工业出版社，2025.1. --（高等职业教育系列教材）.
ISBN 978-7-111-77429-7

Ⅰ . TM

中国国家版本馆 CIP 数据核字第 20250F7Q38 号

机械工业出版社（北京市百万庄大街 22 号　邮政编码 100037）
策划编辑：曹帅鹏　　　　　　责任编辑：曹帅鹏　韩　静
责任校对：韩佳欣　宋　安　　责任印制：郜　敏
北京富资园科技发展有限公司印刷
2025 年 2 月第 1 版第 1 次印刷
184mm×260mm ・ 11.5 印张 ・ 277 千字
标准书号：ISBN 978-7-111-77429-7
定价：49.00 元

电话服务　　　　　　　　网络服务
客服电话：010-88361066　　机　工　官　网：www.cmpbook.com
　　　　　010-88379833　　机　工　官　博：weibo.com/cmp1952
　　　　　010-68326294　　金　书　网：www.golden-book.com
封底无防伪标均为盗版　　　机工教育服务网：www.cmpedu.com

Preface
前　言

　　现代电工技术是高等职业院校装备制造和电子与信息大类相关专业的一门技术基础课程，也是电工岗位培训必须掌握的技术。本书由校企联合开发，产教融合特征明显，体现协同育人，彰显职业教育类型特色，被评为浙江省高职院校"十四五"重点立项建设教材。

　　本书以培养学生的职业能力为核心目标，紧密对接产业升级和技术变革趋势，不仅介绍了电工技术的基础知识，同时还介绍了人工智能、物联网、新能源等新应用。本书将企业的真实案例引入教材，实现了理论内容与企业真实任务的无缝衔接，并将工匠精神、科学精神和职业素养相融合。教材内容围绕电动机控制技术展开，通过七个项目的系统学习，学习者能够全面掌握电工技术从基础理论到实践应用的核心知识，为未来的职业生涯打下坚实的基础。

　　本书配套的在线课程"现代电工技术"是省级精品在线开放课程、课程思政示范课，已经在智慧职教和学银在线等平台开课，选课人数上万人。本书提供的二维码可以为学习者提供更加灵活和丰富的学习体验。

　　本书由浙江工商职业技术学院李亚峰教授担任主编并统稿，编写团队汇集了来自企业的国家标准制定者、国家级技能大师、国家教师创新团队的核心成员、电气工程相关专业的博士以及"低压电工"资格认证的考评员，他们不仅拥有深厚的专业知识，还具备丰富的实战经验。

　　感谢给予本书支持的龙头企业公牛集团、国家专精特新"小巨人"企业宁波升谱光电股份有限公司的专家和技术人员。

　　由于编者水平有限，书中难免存在疏漏及不足之处，恳请广大读者提出宝贵的意见和建议。联系邮箱：xddgjs@zjbti.edu.cn。

编　者

二维码索引

名称	二维码图形	页码	名称	二维码图形	页码
安全用电		2	基尔霍夫电流定律		34
人体触电方式		2	叠加定理		37
电工常用工具		11	正弦交流电		47
电流电压的参考方向		25	功率因数的提高		62
电源的工作状态		29	电动机分类		92

目 录 Contents

前言
二维码索引

项目 1 安全用电与电工测量 … 1

任务 1.1 安全用电 … 1
- 1.1.1 电气安全操作技术 … 1
- 1.1.2 触电急救技术 … 4
- 1.1.3 电器灭火常识 … 6
- 1.1.4 电工安全操作规程 … 7
- 实践任务书 1-1 电工安全工具的使用和标识的辨识 … 10

任务 1.2 电工测量仪表 … 10
- 1.2.1 电工测量过程 … 10
- 1.2.2 测量方式和测量方法的分类 … 11
- 1.2.3 电工指示仪表的基本原理及组成 … 12
- 1.2.4 电工指示仪表的误差和准确度 … 14
- 1.2.5 电气测量指示仪表的选择 … 14
- 1.2.6 万用表 … 16
- 1.2.7 示波器 … 17
- 1.2.8 绝缘电阻表 … 19
- 实践任务书 1-2 电工仪表的正确使用 … 19

思考与练习 … 20

项目 2 直流电路的分析与实践 … 22

任务 2.1 手电筒电路的安装 … 22
- 2.1.1 电路的作用 … 22
- 2.1.2 电路模型 … 23
- 实践任务书 2-1 手电筒电路的安装 … 24

任务 2.2 直流电路中电流、电压及其测量 … 24
- 2.2.1 电路的基本物理量 … 24
- 2.2.2 电流及其参考方向 … 25
- 2.2.3 电压及其参考方向 … 25
- 2.2.4 电位 … 26
- 2.2.5 电动势 … 27
- 2.2.6 功率 … 27
- 实践任务书 2-2 直流电路中电压、电流的数值测量与方向测试 … 28

任务 2.3 电源和负载外特性及其测试 … 29
- 2.3.1 电路的工作状态 … 29

2.3.2 电压源与电流源及其等效变换 …… 30
2.3.3 实际电源的模型 …………… 31
实践任务书 2-3　电源与负载外特性
　　　　　　　　测试 ………… 32

任务 2.4　复杂直流电路的分析与测试 …… 33

2.4.1 几个相关的电路名词 ……… 33
2.4.2 基尔霍夫电流定律（KCL）… 34
2.4.3 基尔霍夫电压定律（KVL）… 35
2.4.4 支路电流法 ………………… 37
2.4.5 叠加定理 …………………… 37
2.4.6 戴维南定理及其应用 ……… 39
实践任务书 2-4　线性电路中的叠加
　　　　　　　　原理及其验证 … 41
实践任务书 2-5　有源二端网络中的戴维
　　　　　　　　南原理及其验证 … 42

思考与练习 …………………………… 44

项目 3　正弦交流电路的分析与实践 …… 47

任务 3.1　正弦信号及其测试 ……… 47

3.1.1 正弦电流及其三要素 ……… 47
3.1.2 相位差 ……………………… 48
3.1.3 有效值 ……………………… 49
3.1.4 正弦量的相量表示法 ……… 50
实践任务书 3-1　正弦交流电压的测量 … 52

任务 3.2　正弦信号激励下单一元件的交流特性 …………… 53

3.2.1 电阻元件 …………………… 53
3.2.2 电感元件 …………………… 55
3.2.3 电容元件 …………………… 57
实践任务书 3-2　单一元件中电压与电流
　　　　　　　　关系的测试 …… 60

任务 3.3　单相照明电路及其安装 … 61

3.3.1 有功功率、无功功率、视在功率和
　　　功率因数 …………………… 61
3.3.2 功率因数的提高 …………… 62
3.3.3 正弦交流电路负载获得最大功率
　　　的条件 ……………………… 64
3.3.4 谐振电路 …………………… 65
实践任务书 3-3　单相交流并联电路电流
　　　　　　　　和功率测试 …… 67
实践任务书 3-4　改善荧光灯电路功率
　　　　　　　　因数 …………… 69

思考与练习 …………………………… 71

项目 4　三相电源与负载的连接 …… 74

任务 4.1　三相交流电源及其负载连接 …………… 74

4.1.1 三相电源 …………………… 74
4.1.2 三相电源的连接 …………… 76
4.1.3 对称三相电路 ……………… 78
4.1.4 不对称三相电路 …………… 83
实践任务书 4-1　三相交流电路电压、
　　　　　　　　电流的测量 …… 86

任务 4.2　三相交流电路的功率 …… 87
　　实践任务书 4-2　三相电路功率的测量 …… 89

思考与练习 …………………………… 90

项目 5　电动机控制电路的装调 …………………… 92

任务 5.1　电动机工作原理 ………… 92
　5.1.1　电动机分类 ………………… 92
　5.1.2　变压器及其使用 …………… 95
　5.1.3　三相异步电动机的工作原理 …… 97
　实践任务书 5-1　控制变压器的使用 …… 99
　实践任务书 5-2　三相异步电动机定子
　　　　　　　　　绕组的连接 ……… 100

任务 5.2　低压电器认识及使用 … 100
　5.2.1　断路器 …………………… 100
　5.2.2　接触器和中间继电器 …… 101
　5.2.3　热继电器 ………………… 102
　5.2.4　按钮 ……………………… 103

实践任务书 5-3　断路器、接触器、热继
　　　　　　　　电器的选用及检测 …… 104

任务 5.3　三相异步电动机单向控制
　　　　　电路 ……………………… 105
　5.3.1　三相异步电动机点动控制 …… 105
　5.3.2　三相异步电动机长动控制 …… 106
　5.3.3　三相异步电动机既能点动又能长
　　　　动控制 ………………………… 107
　实践任务书 5-4　三相异步电动机控制电路
　　　　　　　　　安装与调试 ………… 108

思考与练习 …………………………… 108

项目 6　直流稳压电源的制作 …………………… 111

任务 6.1　常用半导体的选用 …… 111
　6.1.1　半导体的基本知识 ……… 111
　6.1.2　PN 结 ……………………… 113
　6.1.3　二极管 …………………… 114
　6.1.4　晶体管 …………………… 118
　6.1.5　场效应晶体管 …………… 121
　实践任务书 6-1　半导体的测试 …… 125

任务 6.2　放大电路的分析与
　　　　　实践 ……………………… 126
　6.2.1　基本放大电路的工作原理 …… 126
　6.2.2　放大电路的分析方法 …… 126

　6.2.3　多级放大电路 …………… 128
　6.2.4　集成运算放大器的分析 …… 129
　实践任务书 6-2　单级晶体管放大电路
　　　　　　　　　的实践 …………… 130
　实践任务书 6-3　集成功率放大器的
　　　　　　　　　测试 ……………… 131

任务 6.3　设计与调试稳压电源
　　　　　电路 ……………………… 133
　6.3.1　整流电路 ………………… 133
　6.3.2　滤波电路 ………………… 136
　6.3.3　硅稳压管稳压电路 ……… 137

6.3.4　串联型稳压电路 ……………………… 138
6.3.5　线性集成稳压器 ……………………… 139
6.3.6　三端可调集成稳压器 ………………… 142
6.3.7　开关稳压电源概述 …………………… 143

实践任务书 6-4　直流稳压电源的设计
　　　　　　　　与调试 ……………… 144

思考与练习 ………………………………… 145

项目 7　逻辑控制电路的实现 …………………… 148

任务 7.1　组合逻辑电路的设计 … 148
7.1.1　数字信号与数字电路 ………………… 148
7.1.2　基本门电路 …………………………… 150
7.1.3　复合门电路 …………………………… 153
7.1.4　组合逻辑电路的分析与设计 ………… 155

实践任务书 7-1　电动机报警电路
　　　　　　　　设计 …………………… 157

任务 7.2　时序逻辑电路的设计 … 158
7.2.1　基本 RS 触发器 ……………………… 158
7.2.2　门控触发器 …………………………… 160
7.2.3　主从触发器 …………………………… 162
7.2.4　边沿触发器 …………………………… 164
7.2.5　555 定时器的电路结构及其工作
　　　　原理 ……………………………… 165
7.2.6　555 定时器的应用 …………………… 167

实践任务书 7-2　555 定时器驱动电动机
　　　　　　　　起停 …………………… 171

思考与练习 ………………………………… 173

参考文献 ……………………………………… 176

项目 1　安全用电与电工测量

项目导读

随着社会生产力的发展与人们生活水平的提高，电能的产生已成为衡量国家工业化和发达程度的重要标志。电本身是看不见、摸不着的东西，它在造福人类的同时，对人类也有很大的潜在危胁。如果缺乏安全用电知识，没有恰当的措施和正确的技术，就不能做到安全用电，还会给人们的生命财产造成不可估量的损失。本项目从人体触电的原理及其影响因素出发，详细介绍了人体触电的方式和触电急救技术，以及电器灭火常识、用电安全操作规范。电工测量与仪表使用是维修电工必须掌握的基本技能之一，因此本项目还介绍了相关人员在生产实践中应掌握的电工测量用仪器仪表的分类、特点、结构、工作原理和使用方法。

❖ 知识目标：
了解人体触电及其影响因素；
熟悉电器灭火常识和规范；
掌握电工测量的意义；
掌握电工指示仪表的误差和准确度。

❖ 能力目标：
能对触电人员进行急救；
能正确选用灭火器来救火；
能区分各类常见的电工仪器仪表；
能选择并使用基本电工测量仪表。

❖ 素养目标：
培养精益求精的工匠精神、严谨求实的科学态度、专业高超的职业素养、严肃认真的工作作风。

任务 1.1　安全用电

1.1.1　电气安全操作技术

安全教育是维修电工岗位教育的第一课，树立"安全第一，预防为主"的方针对于维修电工的日常作业来说是非常重要的。

1. 人体触电及其影响因素

（1）电击和电伤

人体触电有电击和电伤两种。

电击是指电流通过人体内部，使人体组织受到伤害。它能使肌肉抽搐、内部组织损伤，造成发热、发麻、神经麻痹等，严重时将引起昏迷、窒息，甚至死亡。

电击可分为直接电击和间接电击。直接电击是指人体直接接触正常运行的带电体所发生的触电。间接电击是指电气设备发生故障后，人体触及意外带电部分所发生的触电。通常所说的触电多是指电击，触电死亡中绝大部分是电击造成。电击伤害的严重程度与通过人体电流的大小、频率、时间、途径及人体的健康状况等有关。当人体中通过的工频交流电流超过 50mA，且通电时间超过 1s 时，就有可能造成生命危险。一般来说，10mA 以下的工频交流电流或 50mA 以下的直流电流，对人体来说可以看作安全电流。

电伤是指电流的热效应、化学效应和机械效应对人体外部器官造成的局部伤害，包括电弧引起的灼伤。电流长时间作用于人体，由其化学效应及机械效应在接触电流的皮肤表面形成肿块、电烙印及在电弧的高温作用下熔化的金属渗入人体皮肤表层，造成皮肤金属化等。电伤是人体触电事故中危害较轻的一种。

（2）电流对人体的伤害

电流对人体的伤害程度与电流的强弱、电流流经的路径、电流的频率、触电的持续时间、触电者健康状况及人体的电阻等因素有关，见表 1-1。

表 1-1 电流对人体的伤害

项目	成年男性	成年女性
感知电流 /mA	1.1	0.7
摆脱电流 /mA	9～16	6～10
致命电流 /mA	直流 30～300，交流 30 左右	直流 30～200，交流 <30
危及生命的触电持续时间 /s	1	0.7
电流流经路径	流经人体胸腔，则心脏机能紊乱；流经中枢神经，则神经中枢严重失调而造成死亡	
人体健康状况	女性比男性对电流的敏感性高，承受能力为男性的 2/3；小孩比成年人受电击的伤害程度严重；过度疲劳、心情差的人比有思想准备的人受伤程度高；病人受害程度比健康人严重	
电流频率	40～60Hz 间的交流电对人体伤害最严重，直流电与较高频率的交流电的危害性则小一些	
人体电阻	皮肤在干燥、洁净、无破损的情况下人体电阻可达数十 kΩ，在潮湿、破损的情况下人体电阻可降至 800Ω 以下，通常为 1～2kΩ	

2. 人体触电的方式

（1）直接触电

人体任何部位直接触及处于正常运行条件下的电气设备的带电部分（包括中性导体）而形成的触电，称为直接接触触电。它

人体触电方式

又分为单相触电和两相触电两种情况。

1）单相触电。如图 1-1 所示，当人体站在大地或其他接地体上不绝缘的情况下，身体的某一部分直接接触到带电体的一相而形成的触电，称为单相触电。单相触电的危险程度与电压的高低、电网中性点的接地情况及每相对地绝缘阻抗的大小等因素有关。在高电压系统中，人体虽然未直接接触带电体，但因安全距离不够，高压系统经电弧对人体放电，也会形成单相触电。在图 1-1a 所示的中性点接地系统中，通过人体的电流达到 220V/（$1 \times 10^3 \Omega$）=220mA，远远超过人体的摆脱电流。人体若发生单相触电，将产生严重后果。在图 1-1b 所示的中性点不接地系统中，若线路绝缘不良，则绝缘阻抗降低，触电时流过人体的电流相应增大，增加了人体触电的危险性。

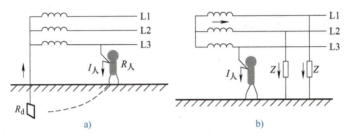

图 1-1 单相触电

a）中性点接地系统的单相触电 b）中性点不接地系统的单相触电

2）两相触电。人体同时触及带电设备或线路不同电位的两个带电体所形成的触电，称为两相触电，如图 1-2 所示。当发生两相触电时，人体承受电网的线电压为相电压的 $\sqrt{3}$ 倍，故两相触电为单相触电时流过人体电流的 $\sqrt{3}$ 倍，比单相触电有更大的危险性。

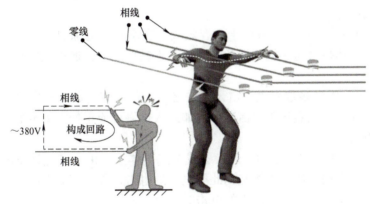

图 1-2 两相触电

（2）间接触电

电气设备在故障情况下，使正常工作时本来不带电的金属外壳处于带电状态，当人体任何部位触及带电的设备外壳时所造成的触电，称为间接触电。

1）跨步电压触电。当电气设备绝缘损坏而发生接地故障或线路一相带电导线断落于地面时，地面各点会出现如图 1-3 所示的电位分布，当人体进入到上述具有电位分布的区域时，两脚间（人的跨步距离按 0.8m 考虑）就会因为地面电位不同而承受电压作用，这一电压称为跨步电压。由跨步电压引起的触电，称为跨步电压触电。

2)接触电压触电。用电设备因一相电源线绝缘损坏碰设备外壳时,接地电流自设备金属外壳通过接地体向四周大地形成半球状流散。其电位分布以接地体为中心向周围扩散,距接地体 20m 左右处的电位为零。此时,当人体触及漏电设备外壳时,因人体与脚处于不同的电位点,就会承受电压,此电压称为接触电压。人体因接触电压而引起的触电,称为接触电压触电,如图 1-4 所示。

图 1-3　跨步电压触电

图 1-4　接触电压触电

接触电压和跨步电压与接地电流、土壤电阻率、设备接地电阻及人体位置有关。接地电流较大时,就会产生较大的接触电压和跨步电压,发生触电事故。

(3)其他类型触电

1)静电电击。当物体在空气中运动时,因摩擦而使物体带有一定数量的静止电荷,静止电荷的堆积会形成电压很高的静电场,当人体接触此类物体时,静电场通过人体放电,使人体受到电击。

2)残余电荷电击。电气设备由于电容效应,在刚断开电源的一段时间里,还可能残留一些电荷,当人体接触这类电气设备时,设备上的残余电荷通过人体释放,使人体受到电击。

3)雷电电击。雷电多数发生在雷云云块之间,但也有少数部分发生在雷云与大地或与建筑物之间。在这种剧烈的雷电活动中,如果人体靠近或正处在雷电的活动范围内,将会受到雷电的电击。

4)感应电压电击。在邻近的电气设备或金属导体上,由于带电设备的电磁感应或静电感应而感应出一定的电压,人体受到此类电压的电击,称为感应电压电击。在超高压双回路及多回路线路中,感应电压产生的电击时有发生。

1.1.2　触电急救技术

人体触电后,由于痉挛或失去知觉等原因而本能地抓紧带电体,不能自行摆脱电源,使触电者成为一个带电体。触电事故瞬间发生,情况危急,必须实行紧急救护。统计资料表明,触电急救心肺复苏成功率与开始急救的时间有关,二者关系见表 1-2。因此,发现有人触电,务必争分夺秒地进行紧急抢救。

表 1-2 触电急救心肺复苏成功率与开始急救的时间关系

施救开始时间 /min	<1	1~2	2~4	6	>6
心肺复苏成功率（%）	60~90	45	27	10~20	<10

1. 急救处理的基本原则

当发现有人触电时，不可惊慌失措，应当立即设法使触电者迅速而安全地脱离电源。这是减轻电伤害和实施救护的关键和首要工作。

1）出事地附近有电源开关或插头时，应立即断开开关或拔掉电源插头，切断电源。

2）若电源开关远离出事地点时，应尽快通知有关部门立即停电。同时如果触电者穿的是比较宽松的干燥衣服，救护者可站在干燥木板上，用一只手抓住触电者的衣服将其拉离电源，如图 1-5 所示，但切不可触及带电者的皮肤。也可以用绝缘钳或干燥木柄斧子切断电源，或用干燥木棒、竹竿等绝缘物迅速将电线挑开，如图 1-6 所示。

图 1-5 将触电者拉离电源

图 1-6 将触电者身上的电线挑开

3）当触电者脱离电源后，应根据其临床表现，实行人工呼吸或心脏按压法急救，以获得救治效果。同时迅速拨打 120 急救电话，联系专业医护人员来现场抢救。

4）抢救生命垂危者，一定要在现场或附近就地进行，切忌长途护送到医院，以免延误抢救时间。

5）紧急抢救要有信心和耐心，不要因一时抢救无效而轻易放弃抢救。

6）抢救人员在救护触电者时，必须注意自身和周围的安全，当触电者尚未脱离触电电源，救护者也未采取必要的安全措施前，严禁直接接触触电者。

7）当触电者所处位置较高时，应采取相应措施，以防触电者脱离电源时从高处落下摔伤。

8）当触电事故发生在夜间时，应该考虑好临时照明，以方便切断电源时保持临时照明，便于救护。

2. 触电者脱离低压电源的方法（图 1-7）

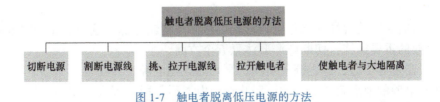

图 1-7 触电者脱离低压电源的方法

1）切断电源。若电源开关或插座在触电者附近，救护人员应尽快拉下开关或拔掉插头。

2）割断电源线。若电源线为明线，且电源开关或插座离触电者较远时，则可用带绝缘柄的电工钳剪断电线或用带有干燥木柄的斧头、锄头等利器砍断电线。注意割断的电线位置，不能造成其他人触电。

3）挑、拉开电源线。如电线断落在触电者身上，且电源开关又远离触电地点，救护人员可用干燥的木棒、竹竿等将掉下的电源线挑开。

4）拉开触电者。发生触电时，若身边没有上述工具，救护者可用干燥衣服、帽子、围巾等把手包扎好，或戴上绝缘手套，去拉触电者干燥的衣服，使其脱离电源。若附近有干燥的木板或木板凳等，救护人员可将其垫在脚下，去拉触电者则更加安全。注意救护时只用一只手拉，切勿触及触电者的身躯或金属物体。

5）使触电者与大地隔离。若触电者紧握电源线，救护者身边又无合适的工具，则可以用干燥的木板塞至触电者身体下方，使其与大地隔离，然后再设法将电源线断开。在救护过程中，救护者应尽可能站在干燥的木板上进行操作。

3. 使触电者脱离高压电源的方法

1）当发现有人在高压带电设备上触电时，救护人员应戴上绝缘手套，穿上绝缘靴，拉开电源开关，或用相应电压等级的绝缘工具拉开高压跌落熔断器，以切断电源。在操作过程中，救护人员必须保持自身与周围带电体的安全距离。

2）当有人在架空线路上触电时，救护人员应尽快用电话通知当地电力部门迅速停电，以利抢救。若不能迅速与变电站联系，可采取应急措施，即抛掷足够截面、适当长度的金属软导线，使电源线短路，迫使保护装置动作，断开电源开关。抛掷导线前，应先将导线一端牢牢固定在铁塔或接地引线上，另一端系上重物。抛掷时，应防止电弧伤人或断线危及他人安全。抛掷点应距离触电现场尽可能远一些。

3）若触电者触及落在地面的高压导线，当尚未确认断落导线无电时，在未采取安全措施前，救护人员不得接近断线点 8～10m 的范围内，以防跨步电压伤人。此时，救护人员必须戴好手套，穿好绝缘靴后，再用与触电电压相符的绝缘杆挑开电线。

1.1.3　电器灭火常识

电气设备发生火灾有两大特点：一是当电气设备着火或引起火灾后没有与电源断开，设备仍然带电；二是电气设备本身充油（例如电力变压器、油断路器等）发生火灾时，可能喷油甚至爆炸，引起火势蔓延，有扩大火灾范围的危险。因此，电气灭火必须根据实际情况，采取对应的措施。

1. 切断电源

当发生火灾时，若现场尚未停电，首先应想办法切断电源，这是防止火灾范围扩大和避免触电事故的重要措施，切断电源要注意五个方面。

1）若线路带有负荷，应先断开负荷，再切断火场电源。

2）切断电源的地点要选择合适，防止切断电源后，影响灭火工作。

3）切断电源时，必须使用可靠的绝缘工具，防止操作时发生触电事故。

4）剪断导线时，非同相导线应在不同部位剪断，以免造成人为短路。

5）剪断电源线时，剪断位置应选择在电源方向的瓷绝缘子附近，以免造成断线头下落时发生接地断路或触电伤人的事故。

2. 带电灭火注意事项

1）人应与带电体保持一定的安全距离。

2）带电导线断电时，为防止跨步电压伤人，要画出一定的警戒区。

3）对架空线路等高空设备灭火时，人体位置与带电体间的仰角不得超过45°，以防止导线断落时危及灭火人员的安全。

4）当用水枪灭火时，宜采用喷雾水枪，因为这种水枪通过水柱的泄漏电流比较小，带电灭火比较安全。用水枪灭火时，水枪嘴与带电体间的距离是：电压为110kV以下者，应大于3m；220kV以上者，应大于5m。用1211（二氟一氯溴甲烷）灭火器等不导电灭火器灭火时，应大于2m的距离。

5）泡沫灭火器的泡沫既可能损害电气设备绝缘，又具有一定的导电性，故不能用于带电灭火。

3. 电气设备的灭火

1）充油设备外部着火时，可用 CO_2、1211、干粉等灭火器灭火；若火势较大，务必立即切断电源，用水灭火。

2）若充油设备内部着火，除应立即切断电源外，有事故储油坑的应设法放入储油坑，灭火可用喷雾水枪，也可用沙子、泥土等。地上流出的油可用泡沫灭火器灭火。

3）电动机、发电机等旋转电机着火时，可让其慢慢转动，以防止轴和轴承变形，用喷雾水枪灭火，并帮助其冷却，也可以用 CO_2、CCl_4、1211 和蒸汽等灭火，但不宜用干粉、沙子、泥土等灭火，以免损坏电机内绝缘。

1.1.4 电工安全操作规程

1. 工作之前

1）电气操作人员应思想集中，电气线路在未经测电笔确定无电前，应一律视为"有电"，不可用手触摸，不可绝对相信绝缘体，应认为有电操作。

2）应详细了解工作地点、工作内容、周围环境，再选安全位置进行工作。

3）工作前应详细检查自己所用工具是否安全可靠，穿戴好必需的安全防护用品，以防工作时发生意外。安全防护用品标识如图1-8所示。

图1-8　安全防护用品标识

4）维修线路要采取必要的措施，在开关把手上或线路上悬挂如图1-9所示的禁止合闸警告牌，防止他人中途送电。

5）使用测电笔时，要注意测试电压范围，禁止超出范围使用，电工人员使用电笔一般只允许测试500V以下的电压。

6）如需对线路进行检修，应事先通知用电单位停电时间，再到配电室填好停电申请表，然后进行检修操作，并要注意安全。

7）在架空线路进行检修前，应首先停电、试电，并挂好临时接地线，以防发生意外。

图1-9　禁止合闸警告牌

2. 工作之中

1）凡400～1000V的线路上，禁止带电操作，如必须带电作业时，要有可靠的安全操作措施，经主管领导同意后，在有人监护下方可进行。

2）电工人员工作时，必须头脑清醒、思想集中，不得酒醉、打闹、神志不清。身体不适者禁止工作。

3）工作中所拆除的电线要理好，带电的线头应包好，以防发生触电。

4）安装灯头时，开关必须控制相线，灯口处必须接在零线上。

5）所用导线及熔丝，其容量大小必须合乎规定标准，选择开关时必须大于所控制设备的总容量。

6）如工作中途因故停止，当重新工作时，必须详细检查各项设备的变化，待充分了解后方可进行工作。

7）严格遵守劳动纪律，服从工作地带班者指挥，不得任意离开工作岗位。

8）在一切金属器外壳上，都必须施行接地；接地电阻不得大于4Ω，地线截面积要大于相线截面积的1/3。

9）设备安装时，要进行详细检查，电器的绝缘电阻不得小于0.5MΩ，并按机床说明书的各项要求进行调整、试验。

3. 工作结束后

1）工作结束后必须使全部工作人员撤离操作地段，拆除警告牌，所有材料、工具、仪表等随之撤离，原有的防护装置随时安装好。

2）操作地段清理后，操作人员要亲自检查，如要送电试验一定要和有关人员联系好，以免发生意外。

4. 登高操作

1）登高使用工具（如梯子、铁鞋、安全带、绳子、紧线工具等）必须经常检查，切实保护好，如发现损坏、不合安全规定应立即停止使用。

2）使用梯子进行工作时，梯子角度以60°为宜，禁止二人同时上、下梯子，操作时需有人在地面监护。

3）登高工作一定要使用安全带和安全帽。安全带不准拴束在横担上。

4）使用的工具及材料必须装入工具袋内吊送，不准随便乱抛，以免砸伤人；有人在电杆上工作时，任何人不可站在电杆下。

5)数人同登一杆工作时,必须戴安全帽,先登者不得先作业,等待所有人选择好自己的位置后,才能开始工作。

6)登杆之后,必须检验无电时才可开始工作。为了防止中途送电,线路上需挂临时地线。

7)如遇雷雨及大风天气时,严禁在架空线路上进行工作。

8)工作完毕后必须拆除临时地线,并检查是否有工具等物遗漏忘在电杆上。

9)新建线路或检修完工后,送电前必须认真检查,看是否合乎要求,并和有关工作人员联系好,方能送电。

图1-10给出了登高违规作业的几种情况。图1-10a爬梯时,手中不得握持任何物件;图1-10b登高时,未系安全带;图1-10c登高作业时,未正确使用梯子。

图1-10 登高违规作业

5. 其他方面

1)弯管时注意安全,防止烧伤烫伤。

2)电气安装打墙眼时,要思想集中,互相注意防止锤头伤人。

3)发生事故(如重大设备、人身事故)和发现严重事故因素时,应立即向上级报告,迅速排除。

4)发生人员触电时,不要慌乱,应先立即拉开电源,如急切找不到电源时,可用木杆或干净棉布使触电者脱离电源;脱离电源后,立即施行人工呼吸,并通知医院。

5)发生火警时,应立即切断电源,用四氯化碳粉质灭火器或黄沙扑救,严禁用水扑救。

6)在电气安装、调试或检修等相关作业时,在合适位置悬挂如图1-11所示相应安全牌。

图 1-11 常用电工安全标识

① 为什么同一低压配电网中,不得将一部分电气设备采用保护接地而另一部分设备采用保护接零?

② 一些金属外壳的家用电器(如电冰箱、洗衣机等)使用三芯插头和插座,而另一些非金属外壳的家用电器则使用两芯插头和插座,试说明其原因。

实践任务书 1-1　电工安全工具的使用和标识的辨识

1. 器材

安全用具每种一套;安全标识若干。

2. 实践内容

1) 口述各种安全用具的结构组成、作用及使用场合;
2) 对实验室安全用具进行检查;
3) 遵循安全操作规程,正确使用安全用具;
4) 口述安全用具的保养要点;
5) 识别各种电工安全标识,说出各标识代表的意义;
6) 根据给定工作场景,正确选用电工安全标识。

任务 1.2　电工测量仪表

1.2.1　电工测量过程

一个完整的测量过程,通常包含如下几个方面。

1. 测量对象

电工测量的对象主要是反映电和磁特征的物理量,如电流(I)、电压(U)、电功率

（P）、电能（W）以及磁感应强度（B）等；反映电路特征的物理量，如电阻（R）、电容（C）、电感（L）等；反映电和磁变化规律的非电量，如频率（f）、相位（φ）、功率因数（$\cos\varphi$）等。

根据测量的目的和被测量的性质，可选择不同的测量方式和不同的测量方法。

2. 测量设备

对被测量与标准量进行比较的测量设备，包括测量仪器和作为测量单位参与测量的度量器。进行电量或磁量测量所需的仪器仪表，统称电工仪表。电工仪表是根据被测电量或磁量的性质，按照一定原理构成的。电工测量中使用的标准电量或磁量是电量或磁量测量单位的复制体，称为电学度量器。电学度量器是电气测量设备的重要组成部分，它不仅作为标准量参与测量过程，而且是维持电磁学单位统一、保证量值准确传递的器具。电工测量中常用的电学度量器有标准电池、标准电阻、标准电容和标准电感等。

除以上主要方面外，测量过程中还必须建立测量设备所必需的工作条件；慎重地进行操作，认真记录测量数据；并考虑测量条件的实际情况进行数据处理，以确定测量结果和测量误差。

电工常用工具

1.2.2 测量方式和测量方法的分类

1. 测量方式的分类

测量方式主要有直接测量和间接测量两种。

（1）直接测量

在测量过程中，能够直接将被测量与同类标准量进行比较，或能够直接用事先刻度好的测量仪器对被测量进行测量，从而直接获得被测量的数值的测量方式称为直接测量。例如，用电压表测量电压、用电度表测量电能以及用直流电桥测量电阻等都是直接测量。直接测量方式广泛应用于工程测量中。

（2）间接测量

当被测量由于某种原因不能直接测量时，可以通过直接测量与被测量有一定函数关系的物理量，然后按函数关系计算出被测量的数值，这种间接获得测量结果的方式称为间接测量。例如，用伏安法测量电阻，是利用电压表和电流表分别测量出电阻两端的电压和通过该电阻的电流，然后根据欧姆定律 $R=U/I$ 计算出被测电阻 R 的大小。间接测量方式广泛应用于科研、实验室及工程测量中。

2. 测量方法的分类

在测量过程中，作为测量单位的度量器可以直接参与也可以间接参与。根据度量器参与测量过程的方式，可以把测量方法分为直读法和比较法。

（1）直读法

用直接指示被测量大小的指示仪表进行测量，能够直接从仪表刻度盘上读取被测量数值的测量方法，称为直读法。用直读法测量时，度量器不直接参与测量过程，而是间接地参与测量过程。例如，用欧姆表测量电阻时，从指针在刻度尺上指示的刻度可以直接读出被测电阻的数值。这一读数被认为是可信的，因为欧姆表刻度尺的刻度事先用标准电阻进行了校验，标准电阻已将它的量值和单位传递给欧姆表，间接地参与了测量过程。直读法测量的过程简单、操作容易、读数迅速，但其测量的准确度不高。

（2）比较法

将被测量与度量器在比较仪器中直接比较，从而获得被测量数值的方法称为比较法。例如，用天平测量物体质量时，作为质量度量器的砝码始终都直接参与了测量过程。在电工测量中，比较法具有很高的测量准确度，可以达到±0.001%，但测量时操作比较麻烦，相应的测量设备也比较昂贵。

根据被测量与度量器进行比较时的不同特点又可将比较法分为零值法、较差法和替代法三种。

1）零值法又称平衡法，它是利用被测量对仪器的作用，与标准量对仪器的作用相互抵消，由指零仪表做出判断的方法。即当指零仪表指示为零时，表示两者的作用相等，仪器达到平衡状态；此时按一定的关系可计算出被测量的数值。显然，零值法测量的准确度主要取决于度量器的准确度和指零仪表的灵敏度。

2）较差法是通过测量被测量与标准量的差值，或正比于该差值的量，根据标准量来确定被测量的数值的方法。较差法可以达到较高的测量准确度。

3）替代法是分别把被测量和标准量接入同一测量仪器，在标准量替代被测量时，调节标准量，使仪器的工作状态在替代前后保持一致，然后根据标准量来确定被测量的数值。用替代法测量时，由于替代前后仪器的工作状态是一样的，因此仪器本身性能和外界因素对替代前后的影响几乎是相同的，有效地克服了所有外界因素对测量结果的影响。替代法测量的准确度主要取决于度量器的准确度和仪器的灵敏度。

1.2.3 电工指示仪表的基本原理及组成

电工指示仪表的基本原理是把被测电量或非电量变换成仪表指针的偏转角。因此它也称为机电式仪表，即用仪表指针的机械运动来反映被测电量的大小。电工指示仪表通常由测量线路和测量机构两部分组成。测量机构是实现电量转换为指针偏转角，并使两者保持一定关系的机构。它是电工指示仪表的核心部分。测量线路将被测电量或非电量转换为测量机构能直接测量的电量，测量线路的构成必须根据测量机构能够直接测量的电量与被测量的关系来确定，它一般由电阻、电容、电感等电子元件构成。

1. 电工指示仪表的分类

电工指示仪表可以根据原理、结构、测量对象、使用条件等进行分类。

按测量机构的工作原理分类，可以把仪表分为磁电系、电磁系、电动系、感应系、静电系、整流系等。

按测量对象分类，可以分为电流表（安培表、毫安表、微安表）、电压表（伏特表、毫伏表、微伏表以及千伏表）、功率表（又称瓦特表）、电度表、绝缘电阻表等。

按仪表工作电流的性质分类，可以分为直流仪表、交流仪表和交直流两用仪表。

按仪表使用方式分类，可以分为安装式仪表和可携式仪表等。

按仪表的使用条件分类，可以分为A、A1、B、B1和C五组。

按仪表的准确度分类，有0.1、0.2、0.5、1.0、1.5、2.5和5.0共七个准确度等级。

2. 电工指示仪表的标志

电工指示仪表的表盘上有许多表示其技术特性的标志符号。根据国家标准的规定，每一个仪表必须有表示测量对象的单位、准确度等级、工作电流的种类、相数、测量机构的类别、使用条件级别、工作位置、绝缘强度试验电压的大小、仪表型号和各种额定值等标志符号。可参见表 1-3、表 1-4。

表 1-3　常见电工指示仪表的测量单位符号

单位名称	单位符号	单位名称	单位符号	单位名称	单位符号	单位名称	单位符号	单位名称	单位符号
安[培]	A	太欧	TΩ	瓦[特]	W	库[仑]	C	毫特	mT
毫安	mA	兆欧	MΩ	千瓦	kW	微法	μF	兆乏	Mvar
微安	μA	千欧	kΩ	兆瓦	MW	皮法	pF	千乏	kvar
千伏	kV	欧[姆]	Ω	兆赫	MHz	亨[利]	H	乏	var
毫伏	mV	毫欧	mΩ	千赫	kHz	毫亨	mH	摄氏度	℃
微伏	μV	微欧	μΩ	赫[兹]	Hz	微亨	μH	毫韦[伯]	mWb

注：方括号中的字，在不致引起混淆、误解的情况下，可以省略。

表 1-4　常见电工指示仪表工作原理的图形符号

名称	符号	名称	符号
磁电系仪表		铁磁电动系仪表	
磁电系比率表		铁磁电动系比率表	
电磁系仪表		感应系仪表	
电磁系比率表		静电系仪表	
电动系仪表		整流系仪表 带半导体整流器和磁电系测量机构	
电动系比率表		热电系仪表 带接触式热变换器和磁电系测量机构	

3. 电工指示仪表的型号

（1）安装式仪表型号的组成

安装式仪表的型号如图 1-12 所示。其中第一位代号按仪表面板形状最大尺寸特征编制；系列号按测量机构的系列编制，如磁电系代号为"C"，电磁系代号为"T"，电动系代号为"D"等。

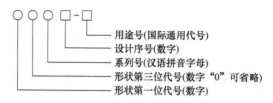

图 1-12 安装式仪表型号的编制规则

（2）可携式仪表型号的组成

由于可携式仪表不存在安装问题，所以将安装式仪表型号中的形状代号省略，即它的产品型号。

1.2.4 电工指示仪表的误差和准确度

1. 误差

电工指示仪表的误差有基本误差和附加误差。仪表的基本误差是指仪表在规定的使用条件下测量时，由于结构上和制作上不完善引起的误差。例如，仪表可动部分的摩擦、刻度尺刻度不均匀等原因引起的误差均属基本误差。

当仪表不能在规定的使用条件下工作时，除了基本误差外，由于温度、外磁场等因素的影响，还将产生附加误差。

2. 准确度

仪表的基本误差通常用准确度来表示，准确度越高，仪表的基本误差就越小。

对于同一只仪表，测量不同大小的被测量，其绝对误差变化不大，但相对误差却有很大变化，被测量越小，相对误差就越大，显然，通常的相对误差概念不能反映出仪表的准确性能，所以，一般用引用误差来表示仪表的准确度性能。

仪表测量的绝对误差与该表量程的百分比，称为仪表的引用误差。

仪表的准确度就是仪表的最大引用误差，即仪表量程范围内的最大绝对误差与仪表量程的百分比。显然，准确度等级表明了仪表基本误差最大允许的范围。表 1-5 是对仪表在规定的使用条件下测量时，各准确度等级的基本误差范围。

表 1-5 准确度等级和基本误差

准确度等级	0.1	0.2	0.5	1.0	1.5	2.5	5.0
基本误差	±0.1	±0.2	±0.5	±1.0	±1.5	±2.5	±5.0

1.2.5 电气测量指示仪表的选择

无论用怎样完善的测量仪表进行测量，都会产生误差。引起测量误差的原因，除了仪表的基本误差外，还因为仪表使用不当和选择不合理而造成。为减小仪表的测量误差，必须合理地选择仪表。

1. 技术特性比较

各种电气测量指示仪表的技术特性如表 1-6 所列。

表 1-6　各种电气测量指示仪表的技术特性

技术特性		磁电系	电磁系	电动系	感应系
测量基准量（不加说明时为电压、电流）		直流或交流的恒定分量	交流有效值或直流	交流有效值或直流（并可测交、直流功率、相位、频率）	交流电能及功率，也可测交流电压和电流
使用频率范围		振动式检流计使用工频为 45～55Hz	一般用于 50Hz/60Hz，频率变化误差增大	一般用于 50Hz/60Hz	同电动系
准确度		高的可达 0.1～0.5 级，一般为 0.5～1.0 级	一般为 0.5～2.5 级	高的同磁电系	低的一般为 1.0～3.0 级
量程	电流	几微安～几十安	几毫安～100A	几十毫安～几十安	几十毫安～10A
	电压	几毫伏～1kV	10V～1kV	10V～几百伏	几十伏～几百伏
防御外磁场能力		强	弱	弱	强
分度特性		均匀	不均匀	不均匀（作功率表均匀）	数字指示（作功率表均匀）
价格（对同一准确度等级）		贵	便宜	最贵	便宜
主要应用范围		作直流电表	作板式电表及一般用途的交流电表	作交、直流标准表	作电度表

2. 仪表的选择原则

根据被测量的性质选择仪表类型：根据被测量是直流电还是交流电来选择直流仪表或交流仪表。测量交流时，应区别是正弦波还是非正弦波，还要考虑被测量的频率范围。

根据工程实际，合理地选择仪表的准确度等级：仪表的准确度越高，测量误差越小，但价格贵，维修也困难，因此在满足准确度要求的情况下，不选用高准确度仪表。

根据测量范围选用量限：测量结果的准确程度，不仅与仪表准确度等级有关，而且与它的量程也有关。一般应使测量范围在仪表满刻度的 1/2～2/3 以上区域。

根据工作环境和条件选择仪表：按仪表使用条件（温度、相对湿度），国家规定分为 A、B、C 三组，见表 1-7。

表 1-7　仪表使用条件

组别		A 组	B 组	C 组
工作条件	温度 /℃	0～+40	−20～+50	−40～+60
	相对湿度（当时温度）	95%（+25℃）	95%（+25℃）	95%（+35℃）
最恶劣条件	温度 /℃	−40～+60	−40～+60	−50～+65
	相对湿度（当时温度）	95%（+35℃）	95%（+35℃）	95%（+60℃）

1.2.6 万用表

万用表主要用来测量交流直流电压、电流、电阻及晶体管电流放大倍数等。现在常见的主要有数字式万用表和机械式万用表两种。

1. 数字式万用表

如图 1-13a 所示,在万用表上会见到转换旋钮,旋钮所指的是测量的档位:

V～:表示的是测交流电压的档位;

V=:表示的是测直流电压的档位;

mA:表示的是测电流的档位;

Ω(R):表示的是测量电阻的档位;

hFE:表示的是测量晶体管电流放大倍数。

万用表的红表笔表示接外电路正极,黑表笔表示接外电路负极。优点:防磁、读数方便、准确(数字显示)。

a)   b)

图 1-13 万用表

a)数字式万用表 b)机械式万用表

2. 机械式万用表

图 1-13b 所示的机械式万用表的外观和数字式万用表有一定的区别,但它们俩的转换旋钮是差不多的,档位也基本相同。在机械式万用表上会见到有一个表盘,表盘上有八条刻度尺:

标有"Ω"标记的是测电阻时用的刻度尺;

标有"DCV.mA""ACV"标记的是测交直流电压、直流电流时用的刻度尺;

标有"hFE"标记的是测晶体管时用的刻度尺;

标有"LV(V)"标记的是测量负载的电流、电压的刻度尺；

标有"dB"标记的是测量电平的刻度尺。

3. 万用表的使用

数字式万用表：测量前先打到测量的档位，要注意的是档位上所标的是量程，即最大值；

机械式万用表：测量电流、电压的方法与数字式万用表相同，但测电阻时，读数要乘以档位上的数值。例如：现在打的档位是"×100"，读数是200，那么测量值是200×100Ω=20000Ω=20kΩ，表盘上"Ω"是从左到右，从大到小，而其他的是从左到右，从小到大。

注意事项：

1）调"零点"（机械式万用表才有），在使用前，先要观察指针是否指在左端"零位"上，如果不是，则应使用小旋具慢慢旋转表壳中央的"起点零位"校正螺钉，使指针指在零位上。

2）万用表使用时应水平放置（机械式万用表才有），测试前要确定测量内容，将量程转换旋钮旋到所测量的相应档位上，以免烧毁表头，如果不知道被测物理量的大小，要先从大量程开始试测。表笔要正确地插在相应的插口中，测试过程中，不要任意旋转档位转换旋钮，使用完毕后，一定要将万用表档位转换旋钮调到交流电压的最大量程档位上。测直流电压、电流时，要注意电压的正、负极和电流的流向，与表笔相接（时）正确，千万不能用电流档测电压。在不确定的情况下测交流电压时，最好先从大的档位测起，以防万一。

1.2.7 示波器

示波器是显示被测电压信号波形的仪器，是电工测量领域最为常见的仪器之一。利用示波器，不仅可以直观地观测到被测电压信号的波形形态，而且可以用示波管上的刻度，测量被测信号的周期、幅度、上升时间、下降时间、变化速率、电源电压中的纹波、信号中的噪声，以及两个信号之间的幅度差、相位差等。由于示波器具有较高的输入电阻，在大多数情况下，示波器探头接在被测电路中，不会影响被测电路的正常工作。

图1-14是示波器实物外观照片。

图1-14 示波器实物外观

1. 示波器种类和应用场合

示波器被分为模拟示波器和数字存储示波器两大类。没有存储设备，仅能依赖被测信号的周期性，来完成信号的稳定显示的，都是模拟示波器；将被测电压信号转换成数字量存储在内存中，然后转换到示波管显示，或者直接利用显示器显示，都属于数字存储示波器，简称数字示波器。

模拟示波器的优点是价格低、易操作，广泛应用于教学和一般要求的科研、维修等领域。在高频领域，模拟示波器仍占据着主导地位。

数字示波器的优点如下：

1）可以稳定显示低频信号和瞬态的非周期性信号。

2）可以将被测信号记录转存到计算机中，甚至直接驱动打印机将波形打印出来。

3）有些数字示波器自带 FFT 功能，可以在屏幕上显示频谱。

4）有些数字示波器具备便携式功能，可在野外工作。

随着数字示波器价格的降低，在很多场合，模拟示波器正被数字示波器所取代，这类似于数码照相机逐渐取代传统的胶片照相机。但是，由于使用习惯、价格、特殊领域要求等因素，传统的模拟示波器仍然存在较大的应用领域。

2. 示波器应用中的注意事项

示波器使用前需要了解的注意事项如下：

1）示波器内部存在高压。当示波器出现故障时，不得擅自打开机壳，应该通知实验员或者专门的维修人员。

2）不得随意改变示波器的交流电压选择，否则可能导致示波器烧毁，也可能引起触电等事故。

3）不得自行更换示波器的熔丝管，否则容易引起熔断器失灵，导致内部电路损坏。

4）示波器的输入端都存在输入电压上限，当输入电压超过其规定的上限时，有可能发生击穿等故障或者引起更大的危险。

5）示波管类似于电视机的显像管，属于易老化部件。长期不使用的示波器，不应该处于开机状态。

6）一般情况下，示波器探头接入被测电路，不会影响被测电路原先的工作状态。但是，在高频或者被测电路具有较高输出电阻时，示波器的引入可能引起被测电路状态变化，这需要引起使用者的注意。

7）示波器的所有旋钮和转动式开关，都难以承受过大的扭动力。特别是内选开关，要求右旋到底时，极易发生用力过大导致旋钮或者开关断裂的情况。当右旋受到较大阻力时，不能用力右旋，而应该通过左旋试探来保证右旋到底。

8）关闭示波器后，不要随意改变示波器旋钮、开关状态。这样有利于下次使用。

9）有些示波器的探头是与主机配套的，具有补偿作用，因此，不要轻易将探头与示波器分离。

1.2.8　绝缘电阻表

在用电过程中存在着用电安全问题,在电气设备中,例如电动机、电缆、家用电器等,它们正常运行的前提条件之一就是其绝缘材料的绝缘程度,即绝缘电阻的数值符合要求。当受热和受潮时,绝缘材料便老化,其绝缘电阻便降低,从而造成电气设备漏电或短路事故的发生。为了避免这类事故发生,就要求经常测量各种电气设备的绝缘电阻,判断其绝缘程度是否满足设备需要。普通电阻的测量通常有低电压下测量和高电压下测量两种方式,而绝缘电阻由于一般数值较高(兆欧级),因此其在低电压下的测量值不能反映在高电压条件下工作的真正绝缘电阻值。绝缘电阻表又称兆欧表或摇表,是测量绝缘电阻最常用的仪表。它在测量绝缘电阻时本身就有高电压电源,这就是它与测量电阻的仪表的不同之处。绝缘电阻表用于测量绝缘电阻既方便又可靠,但是如果使用不当,将给测量带来不必要的误差,必须正确使用绝缘电阻表对绝缘电阻进行测量。

总之,绝缘材料的绝缘电阻可用绝缘电阻表来测量,绝缘电阻表用于测量电气设备或配电设备的绝缘电阻,其单位为兆欧(MΩ)。绝缘电阻表的额定电压应根据被测电气设备的额定电压来选择。测量 500V 以下的设备,应选用 500V 或 1000V 的绝缘电阻表;额定电压在 500V 以上的设备,应选用 1000V 或 2500V 的绝缘电阻表;对于绝缘子、母线等,要选用 2500V 或 3000V 的绝缘电阻表。本次训练为低压 380V 异步电动机的测试,采用 500V 指针式绝缘电阻表,如图 1-15 所示。

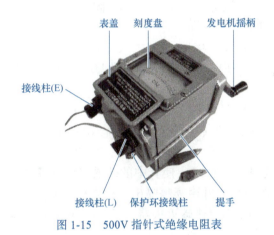

图 1-15　500V 指针式绝缘电阻表

实践任务书 1-2　电工仪表的正确使用

1. 器材
安全用具每种一套。

2. 实践内容
(1) 万用表的使用

包括口述万用表的使用、万用表档位选择及表笔接入、用万用表测量线路通断、用万用表测量电压、万用表的保养。

（2）绝缘电阻表的使用

包括口述绝缘电阻表的使用、绝缘电阻表好坏检测、用绝缘电阻表测量给定电机绝缘性、绝缘电阻表的保养。

思考与练习

1.1 选择题（将正确答案的序号填入括号内）

（1）洗衣机、电冰箱等家用电器的金属外壳应连接（　　）。
　　A. 地线　　　　　　B. 零线　　　　　　C. 相线

（2）对人体危害最大的交流电的频率是（　　）Hz。
　　A. 2　　　　　　　B. 20　　　　　　　C. 25～300　　　　D. 500

（3）触电时人体所受威胁最大的器官是（　　）。
　　A. 心脏　　　　　　B. 大脑　　　　　　C. 皮肤　　　　　　D. 四肢

（4）机床上的低压照明灯，其电压不应超过（　　）V。
　　A. 110　　　　　　B. 36　　　　　　　C. 12　　　　　　　D. 6

（5）某安全色的含义是禁止、停止、防火，其颜色为（　　）。
　　A. 红色　　　　　　B. 黄色　　　　　　C. 绿色　　　　　　D. 黑色

（6）电工常用工具的绝缘手柄是（　　）绝缘。
　　A. 气体　　　　　　B. 液体　　　　　　C. 固体

（7）避雷针和避雷线是（　　）。
　　A. 工作接地　　　　B. 保护接地　　　　C. 无作用

（8）线路或设备未发生预期的触电或漏电时漏电保护装置产生的动作是漏电保护装置的（　　）。
　　A. 正常动作　　　　B. 拒动作　　　　　C. 误动作

（9）大气过电压主要是由于（　　）对地放电引起的。
　　A. 高压电源　　　　B. 雷云　　　　　　C. 电磁感应

（10）使用时要将筒身颠倒过来，使其中的碳酸氢钠与硫酸两种溶液混合后发生化学反应，产生二氧化碳气体泡沫，并由喷嘴喷出，此类灭火器是（　　）。
　　A. 干粉灭火器　　　B. 二氧化碳灭火器　　　C. 泡沫灭火器

1.2 判断题（正确打√，错误打 ×）

（1）使用湿布擦灯具、开关等电器用具时应断电。　　　　　　　　　　　　　（　　）

（2）电工作业人员应经过专业培训，持证上岗。　　　　　　　　　　　　　　（　　）

（3）各种触电事故中，最危险的一种是电灼伤。　　　　　　　　　　　　　　（　　）

（4）有经验的电工，停电后不需要再用验电笔测试便可进行检修。　　　　　　（　　）

（5）同杆架设时，电力线路应位于弱电线路上方，高压线路应位于低压线路上方。
　　　　　　　　　　　　　　　　　　　　　　　　　　　　　　　　　　　（　　）

（6）穿绝缘靴，戴绝缘手套、防护帽和安全帽都是为了防止触电的绝缘防护措施。
　　　　　　　　　　　　　　　　　　　　　　　　　　　　　　　　　　　（　　）

（7）正常情况下工作接地没有电流通过。　　　　　　　　　　　　（　　）
（8）自然接地体的接地支线至少要有一根引出线与接地干线相连。　（　　）
（9）漏电保护器主要作用是防止电气火灾，某些情况下能起到防止人身触电作用。
　　　　　　　　　　　　　　　　　　　　　　　　　　　　　　　（　　）
（10）移动式电气设备及手持式电动工具不需要安装漏电保护器。　（　　）
（11）有雷电时，禁止在室外变电所进户线上进行检修作业或试验。（　　）
（12）在有爆炸危险的场所应选用防爆电气设备。　　　　　　　　（　　）

1.3　问答题

（1）当发现有人触电时，应采取什么措施对触电者进行救治？
（2）带电灭火应注意哪些安全事项？
（3）电工测量的意义是什么？
（4）除了课本中列举的几种测量仪表，你还能从网络中搜索到哪些电工仪表？其作用是什么？

项目 2　直流电路的分析与实践

项目导读

实际电路是由一些电工设备、器件和元件所组成的。为便于分析与计算，往往把这些器件和元件理想化并用统一的标准符号来表示。直流电路在不同的工作条件下，会处于不同的工作状态，也有不同的特点，充分了解直流电路不同的工作状态与特点对安全用电和正确使用各种电气设备都是十分有益的。本项目主要介绍了采用基尔霍夫定律、叠加定理和戴维南定理来解决多种直流电路的方法和应用实践。

❖ **知识目标：**

了解电路的作用与组成部分；
理解三种元件的伏安关系；
掌握电阻串联、并联电路的特点及分压、分流公式；
了解电压源、电流源的连接方法、等效变换法。

❖ **能力目标：**

学会较熟练地使用万用表正确测量直流电压和直流电流；
能用支路电流法求解简单的电路；
能求解一些简单的混联电路；
会用戴维南定理求解复杂电路中的电量。

❖ **素养目标：**

具有成为电工高技能人才的紧迫感和责任心；
对从事电气技术相关岗位充满热情，有较强的求知欲；
保持对新知识、新技术的好奇心，激励自己勇攀高峰。

任务 2.1　手电筒电路的安装

2.1.1　电路的作用

在日常的生产生活中广泛应用着各种各样的电路，它们都是实际元件与器件按一定方式连接起来，以形成电流的通路。实际电路的种类很多，不同电路的形式和结构也各不相同。但简单电路一般都是由电源、负载、连接导体或导线、控制和保护装置四个部分按照一定方式连接起来的闭合回路。实际应用中电路是多种多样的，但就其功能来说可概括为两个方面：其一是进行能量的传输、分配与转换，如电力系统中的输电电路；其二是实现信息的传递与处理，如收音机、电视机电路。图 2-1 所示为日常生活中用的手电筒电路，它也由四部分组成。

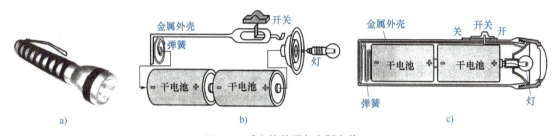

图 2-1　手电筒外形与实际电路
a）手电筒实物图　b）手电筒内部电路　c）手电筒结构

1. 电源：干电池

电源是电路中电能的提供者，是将其他形式的能量转化为电能的装置，图 2-1 中干电池是将化学能转化为电能。含有交流电源的电路叫交流电路，含有直流电源的电路叫直流电路。常见的直流电源有干电池、蓄电池、直流发电机等。

2. 负载：灯

负载即用电装置，它将电源供给的电能转换为其他形式的能量，图 2-1 中灯泡将电能转换为光能和热能。

3. 控制和保护装置：开关

控制和保护装置用来控制电路的通断，保证电路正常工作。

4. 连接导体或导线：金属外壳

连接导体或导线是用来连接电路、输送和分配电能的。

2.1.2　电路模型

根据电路的作用，电路可分为两类：一类用于实现电能的传输和转换；另一类用于进行电信号的传递和处理。

根据电源提供的电流不同电路还可以分为直流电路和交流电路两种。

综上所述，电路主要由电源、负载和传输环节三部分组成，如图 2-2a 所示的手电筒电路即为一个简单的电路；电源是提供电能或信号的设备，负载是消耗电能或输出信号的设备；电源与负载之间通过传输环节相连接，为了保证电路按不同的需要完成工作，在电路中还需加入适当的控制元件，如开关、主令控制器等。

在一定条件下，对某一种实际元件，常忽略其他现象只考虑起主要作用的电磁现象，也就是用理想元件来替代实际元件的模型，这种模型称之为电路元件，又称理想电路元件。

用一个或几个理想电路元件构成的模型去模拟一个实际电路，模型中出现的电磁现象与实际电路中的电磁现象十分接近，这个由理想电路元件组成的电路称为电路模型。如图 2-2b 所示为手电筒电路模型。

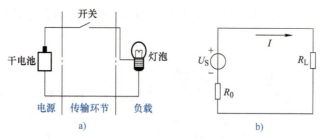

图 2-2 手电筒电路与模型

a）手电筒电路　b）手电筒电路模型

实践任务书 2-1　手电筒电路的安装

1. 器材

（1）手电筒外壳　　　　　　　　一套
（2）干电池　　　　　　　　　　两节
（3）开关　　　　　　　　　　　一个
（4）灯　　　　　　　　　　　　一个

2. 实践内容

请在提供的手电筒电路套件中选择相应的元器件组成手电筒电路，并进行调试。

任务 2.2　直流电路中电流、电压及其测量

2.2.1　电路的基本物理量

电路中的物理量主要包括电流、电压、电位、电动势、功率以及电能，具体见表 2-1。

表 2-1　电路中主要物理量的符号及单位

量的名称	符号	单位名称	单位符号
电流	I	安［培］	A
电压	U	伏［特］	V
电位	V	伏［特］	V
电动势	E	伏［特］	V
功率	P	瓦［特］	W
电能	W	焦［耳］或千瓦时	J 或 kW·h

2.2.2 电流及其参考方向

带电质点的定向移动形成电流。电流的大小等于单位时间内通过导体横截面的电荷量。电流的实际方向习惯上是指正电荷移动的方向。

电流电压的参考方向

电流分为两类：一是大小和方向均不随时间变化，称为恒定电流，简称直流，用 I 表示；二是大小和方向均随时间变化，称为交变电流，简称交流，用 i 表示。

对于直流电流，单位时间内通过导体横截面的电荷量是恒定不变的，其大小为

$$I = \frac{Q}{T} \tag{2-1}$$

对于交流，若在一个无限小的时间间隔 dt 内，通过导体横截面的电荷量为 dq，则该瞬间的电流为

$$i = \frac{dq}{dt} \tag{2-2}$$

在国际单位制（SI）中，电流的单位是安培（A）。

在复杂电路中，电流的实际方向有时难以确定。为了便于分析计算，便引入电流参考方向的概念。所谓电流的参考方向，就是在分析计算电路时，先任意选定某一方向，作为待求电流的方向，并根据此方向进行分析计算。若计算结果为正，说明电流的参考方向与实际方向相同；若计算结果为负，说明电流的参考方向与实际方向相反。图 2-3 表示了电流的参考方向（图中虚线所示）与实际方向（图中实线所示）之间的关系。

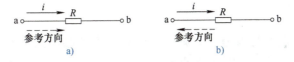

图 2-3　电流参考方向与实际方向

a）$i>0$　b）$i<0$

【例 2.1】　如图 2-4 所示，电流的参考方向已标出，并已知 $I_1=-1A$，$I_2=1A$，试指出电流的实际方向。

解：$I_1=-1A<0$，则 I_1 的实际方向与参考方向相反，应由点 B 流向点 A。

$I_2=1A>0$，则 I_2 的实际方向与参考方向相同，由点 B 流向点 A。

图 2-4　例 2.1 图

2.2.3 电压及其参考方向

在电路中，电场力把单位正电荷（q）从 a 点移到 b 点所做的功（W）就称为 a、b 两点间的电压，也称电位差，记

$$u_{ab} = \frac{dW}{dq} \tag{2-3}$$

对于直流，则为

$$U_{ab} = \frac{W}{Q} \qquad (2\text{-}4)$$

电压的单位为伏特（V）。

电压的实际方向规定从高电位指向低电位，其方向可用箭头表示，也可用"+""−"极性表示，如图 2-5 所示。若用双下标表示，如 U_{ab} 表示 a 指向 b。显然 $U_{ab} = -U_{ba}$。值得注意的是，电压总是针对两点而言。

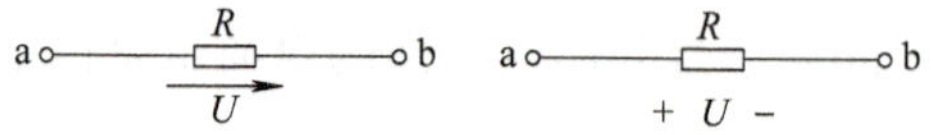

图 2-5 电压参考方向的设定

和电流的参考方向一样，也需设定电压的参考方向。电压的参考方向也是任意选定的，当参考方向与实际方向相同时，电压值为正；反之，电压值则为负。

【例 2.2】 如图 2-6 所示，电压的参考方向已标出，并已知 $U_1=1V$，$U_2=-1V$，试指出电压的实际方向。

解：$U_1=1V>0$，则 U_1 的实际方向与参考方向相同，由 A 指向 B。
$U_2=-1V<0$，则 U_2 的实际方向与参考方向相反，应由 A 指向 B。

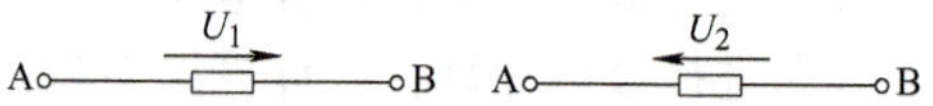

图 2-6 例 2.2 图

2.2.4 电位

在电路中任选一点作为参考点，则电路中某一点与参考点之间的电压称为该点的电位。电位用符号 V 或 v 表示。例如 A 点的电位记为 V_A 或 v_A。显然，$V_A = V_{AO}$，$v_A = v_{AO}$。电位的单位是伏特（V）。

电路中的参考点可任意选定。当电路中有接地点时，则以地为参考点；当没有接地点时，则选择较多导线的汇集点为参考点。在电子电路中，通常以设备外壳为参考点。参考点用符号"⊥"表示。

有了电位的概念后，电压也可用电位来表示，即

$$\left. \begin{array}{l} U_{AB} = V_A - V_B \\ u_{AB} = v_A - v_B \end{array} \right\} \qquad (2\text{-}5)$$

因此，电压也称为电位差。

还需指出，电路中任意两点间的电压与参考点的选择无关。即对于不同的参考点，虽然各点的电位不同，但任意两点间的电压始终不变。

【例 2.3】 如图 2-7 所示的电路中，已知各元件的电压为：$U_1=10V$，$U_2=5V$，$U_3=8V$，$U_4=-23V$。若分别选 B 点与 C 点为参考点，试求电路中各点的电位。

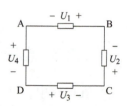

图 2-7 例 2.3 图

解：选 B 点为参考点，则：

$$V_B = 0$$
$$V_A = U_{AB} = -U_1 = -10\,\text{V}$$
$$V_C = U_{CB} = U_2 = 5\,\text{V}$$
$$V_D = U_{DB} = U_3 + U_2 = (8+5)\,\text{V} = 13\,\text{V}$$

选 C 点为参考点，则：

$$V_C = 0$$
$$V_A = U_{AC} = -U_1 - U_2 = (-10-5)\,\text{V} = -15\,\text{V}$$

或

$$V_A = U_{AC} = U_4 + U_3 = (-23+8)\,\text{V} = -15\,\text{V}$$
$$V_B = U_{BC} = -U_2 = -5\,\text{V}$$
$$V_D = U_{DC} = U_3 = 8\,\text{V}$$

2.2.5 电动势

电源力把单位正电荷由低电位点 B 经电源内部移到高电位点 A 克服电场力所做的功，称为电源的电动势。电动势用 E 或 e 表示，即

$$\left. \begin{array}{l} E = \dfrac{W}{Q} \\ e = \dfrac{\mathrm{d}w}{\mathrm{d}q} \end{array} \right\} \tag{2-6}$$

电动势的单位也是伏特（V）。

电动势与电压的实际方向不同，电动势的方向是从低电位指向高电位，即由"−"极指向"+"极，而电压的方向则从高电位指向低电位，即由"+"极指向"−"极。此外，电动势只存在于电源的内部。

2.2.6 功率

单位时间内电场力或电源力所做的功，称为功率，用 P 或 p 表示，即

$$\left. \begin{array}{l} P = \dfrac{W}{T} \\ p = \dfrac{\mathrm{d}w}{\mathrm{d}t} \end{array} \right\} \tag{2-7}$$

若已知元件的电压和电流，则功率的表达式为

$$\left. \begin{array}{l} P = UI \\ p = ui \end{array} \right\} \tag{2-8}$$

功率的单位是瓦特（W）。

当电流、电压为关联参考方向时，式（2-8）表示元件消耗能量。若计算结果为正，说明电路确实消耗功率，为耗能元件；若计算结果为负，说明电路实际产生功率，为供能元件。

当电流、电压为非关联参考方向时，则式（2-8）表示元件产生能量。若计算结果为正，说明电路确实产生功率，为供能元件。若计算结果为负，说明电路实际消耗功率，为耗能元件。

【例 2.4】 （1）在图 2-8 中，若电流均为 2A，U_1=1V，U_2=−1V，求该两元件消耗或产生的功率。（2）在图 2-8b 中，若元件产生的功率为 4W，求电流 I。

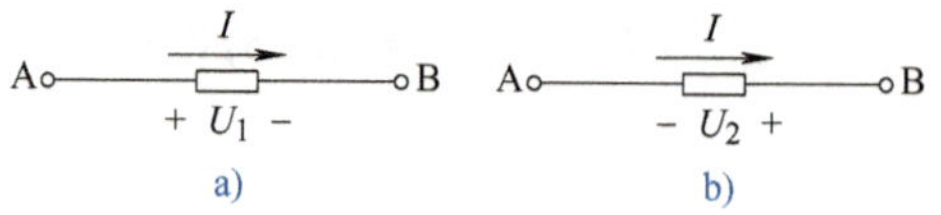

图 2-8 例 2.4 图

解：（1）对图 2-8a，电流、电压为关联参考方向，元件消耗的功率为

$$P = U_1 I = 1 \times 2W = 2W > 0$$

表明元件消耗功率，为负载。

对图 2-8b，电流、电压为非关联参考方向，元件产生的功率为

$$P = U_2 I = (-1) \times 2W = -2W < 0$$

表明元件消耗功率，为负载。

（2）因图 2-8b 中电流、电压为非关联参考方向，且是产生功率，故

$$P = U_2 I = 4W$$

$$I = \frac{4}{U_2} = \frac{4}{-1} A = -4A$$

负号表示电流的实际方向与参考方向相反。

实践任务书 2-2　直流电路中电压、电流的数值测量与方向测试

1. 器材

（1）万用表　　　　　　　　　　一块
（2）面包板　　　　　　　　　　一块
（3）恒压电压源　　　　　　　　一台
（4）导线　　　　　　　　　　　若干根
（5）电阻　　　　　　　　　　　若干

2. 实践内容

（1）电路的连接
按图 2-9 进行电路连接。
（2）电阻的测量
未接成电路前分别测量图 2-9 所示电路的各个电阻的电阻值，

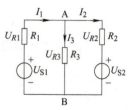

图 2-9　实践电路图

将数据记录在表 2-2 中；再按图 2-9 所示连成电路，并将图中各点间电阻的测量数据记录在表 2-2 中，注意带上单位。

表 2-2 电阻测量

测量内容	R_1	R_2	R_3
电阻标称值			
未接成电路前电阻值			
连成电路后电阻值			

（3）直流电压、电流的测量

开启实训台电源总开关，开启直流电源单元开关，调节电压旋钮，对取得的直流电源进行测量，测量后将数据填入表 2-3 中。

表 2-3 直流电压、直流电流测量记录

测量项目	测量内容	测试数据	电路元件参数 $R_1=$_____Ω $R_2=$_____Ω $R_3=$_____Ω		
直流电压 /V	测量对象		U_{R1}	U_{R2}	U_{R3}
	计算数据				
	万用表量程				
	测量数据				
直流电流 /A	测量对象		I_1	I_2	I_3
	计算数据				
	万用表量程				
	测量数据				

任务 2.3 电源和负载外特性及其测试

2.3.1 电路的工作状态

电路在不同的工作条件下，会处于不同的状态，并具有不同的特点。电路的工作状态有三种：开路状态、短路状态和负载状态。

电源的工作状态

1. 开路状态（空载状态）

在图 2-10 所示电路中，当开关 S 断开时，电源处于开路状态。开路时，电路中电流为零，电源不输出能量，电源两端的电压称为开路电压，用 U_{OC} 表示，其值等于电源电动势 E，即

$$U_{OC} = E$$

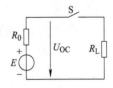
图 2-10 开路状态

2. 短路状态

在图 2-11 所示电路中，当电源两端由于某种原因短接在一起时，电源被短路。短路电流 $I_{SC} = \dfrac{E}{R_0}$ 很大，此时电源所产生的电能全被内阻 R_0 所消耗。

短路通常是严重的事故，应尽量避免发生，为了防止短路事故，通常在电路中接入熔断器或断路器，以便在发生短路时能迅速切断故障电路。

3. 负载状态（通路状态）

电源与一定大小的负载接通，称为负载状态。这时电路中流过的电流称为负载电流，如图 2-12 所示。

负载的大小是以消耗功率的大小来衡量的。当电压一定时，负载的电流越大，则消耗的功率也越大，负载也越大。

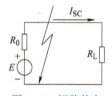
图 2-11　短路状态

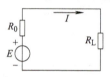
图 2-12　负载状态

为使电气设备正常运行，在电气设备上都标有额定值，额定值是生产厂为了使产品能在给定的工作条件下正常运行而规定的正常允许值。一般常用的额定值有：额定电压、额定电流、额定功率，分别用 U_N、I_N、P_N 表示。

需要指出的是，电气设备实际消耗的功率不一定等于额定功率。当实际消耗的功率 P 等于额定功率 P_N 时，称为满载运行；若 $P < P_N$，称为轻载运行；而若 $P > P_N$，称为过载运行。电气设备应尽量在接近额定的状态下运行。

2.3.2　电压源与电流源及其等效变换

电源是将其他形式的能量（如化学能、机械能、太阳能、风能等）转换成电能后提供给电路的设备。

这里所讲的电压源和电流源都是理想化的电压源和电流源。

1. 电压源

电压源是指理想电压源，即内阻为零，且电源两端的端电压值恒定不变（直流电压），如图 2-13 所示。它的特点是电压的大小取决于电压源本身的特性，与流过的电流无关。流过电压源的电流大小与电压源外部电路有关，由外部负载电阻决定。因此，也称之为独立电压源。

电压为 U_S 的直流电压源的伏安特性曲线是一条平行于横坐标的直线，如图 2-14 所示，特性方程为

$$U = U_S \tag{2-9}$$

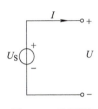

图 2-13　电压源

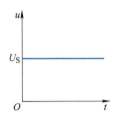

图 2-14　直流电压源的伏安特性曲线

如果电压源的电压 $U_S=0$，则此时电压源的伏安特性曲线就是横坐标轴，也就是电压源相当于短路。

2. 电流源

电流源是指理想电流源，即内阻为无限大、输出恒定电流 I_S 的电源，如图 2-15 所示。它的特点是电流的大小取决于电流源本身的特性，与电源的端电压无关。端电压的大小与电流源外部电路有关，由外部负载电阻决定。因此，也称之为独立电流源。

电流为 I_S 的直流电流源的伏安特性曲线是一条垂直于横坐标轴的直线，如图 2-16 所示，特性方程

$$I=I_S \tag{2-10}$$

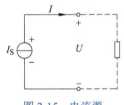

图 2-15　电流源

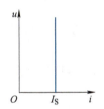

图 2-16　直流电流源的伏安特性曲线

如果电流源短路，流过短路线路的电流就是 I_S，而电流源的端电压为零。

2.3.3　实际电源的模型

1. 实际电压源

实际电压源可以用一个理想电压源 U_S 与一个理想电阻 r 串联组合成一个电路来表示，如图 2-17a 所示。特征方程为

$$U=U_S-Ir \tag{2-11}$$

实际电压源的伏安特性曲线如图 2-17b 所示，可见电源输出的电压随负载电流的增加而下降。

2. 实际电流源

实际电压源可以用一个理想电流源 I_S 与一个理想电阻 r 并联组合成一个电路来表示，如图 2-18a 所示，特征方程为

$$I=I_S-\frac{U}{r} \tag{2-12}$$

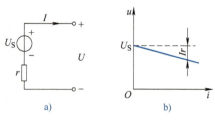

图 2-17 实际电压源模型

a）实际电压源　b）实际电压源的伏安特性曲线

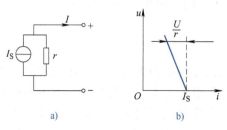

图 2-18 实际电流源模型

a）实际电流源　b）实际电流源的伏安特性曲线

实际电流源的伏安特性曲线如图 2-18b 所示，可见电源输出的电流随负载电压的增加而减少。

【例 2.5】 在图 2-17 中，设 U_S=20V，r=1Ω，外接电阻 R=4Ω，求电阻 R 上的电流 I。

解： 根据式（2-11）可得 $U=U_S-Ir=IR$

则有
$$I = \frac{U_S}{R+r} = \frac{20\,\text{V}}{(4+1)\Omega} = 4\,\text{A}$$

【例 2.6】 在图 2-18 中，设 I_S=5A，r=1Ω，外接电阻 R=9Ω，求电阻 R 上的电压 U。

解： 根据式（2-12）可得
$$I = I_S - \frac{U}{r} = \frac{U}{R}$$

则有
$$U = \frac{Rr}{R+r} I_S = \frac{1\Omega \times 9\Omega}{1\Omega + 9\Omega} \times 5\,\text{A} = 4.5\,\text{V}$$

实践任务书 2-3　电源与负载外特性测试

1. 器材

（1）可调稳压电源（0～30V，0～2A）

（2）多量程电流表、数字电压表

（3）元件盒

（4）万用表

2. 实践内容

1）在通用电路板上按图 2-19 拼插连接。

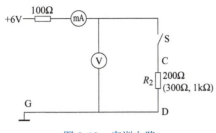

图 2-19 实训电路

2）检查电路连接无误后，将直流稳压电源电压调至电路需求电压并接入电路中。

3）当开关 S 断开时，读出电压表和电流表的数值并记入表 2-4 中。

表 2-4 记录数据

测量内容	负载开路	$R_2=200\Omega$	$R_2=300\Omega$	$R_2=1k\Omega$
电流值				
电压值				

4）当开关 S 闭合时，分别接入负载电阻 200Ω、300Ω、1kΩ，读出三种不同负载电阻时电流表和电压表的值，并记入表 2-4 中。

5）根据记录表 2-4 的实验数据，绘出端电压 U 随负载 R_2 的电流 I 变化的外特性（U–I）曲线，如图 2-20 所示。

图 2-20 外特性（U–I）曲线

任务 2.4 复杂直流电路的分析与测试

2.4.1 几个相关的电路名词

1. 支路

支路是指电路中通过同一个电流的每一个分支。图 2-21 中有三条支路，分别是 BAF、BCD 和 BE。支路 BAF、BCD 中含有电源，称为含源支路。支路 BE 中不含电源，称为无源支路。

2. 节点

节点指电路中三条或三条以上支路的连接点。图 2-21 中 B、E 为两个节点。

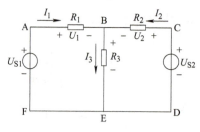

图 2-21 复杂电路

3. 回路

回路指电路中的任一闭合路径。图 2-21 中有三个回路，分别是 ABEFA、BCDEB、ABCDEFA。

4. 网孔

网孔指内部不含支路的回路。图 2-21 中，ABEFA 和 BCDEB 都是网孔，而 ABCDEFA 则不是网孔。

2.4.2 基尔霍夫电流定律（KCL）

基尔霍夫电流定律指出：任一时刻，流入电路中任一节点的电流之和等于流出该节点的电流之和。基尔霍夫电流定律简称 KCL，反映了节点处各支路电流之间的关系。

基尔霍夫电流定律

在图 2-21 所示电路中，对于节点 B 可以写出

$$I_1 + I_2 = I_3$$

或改写为

$$I_1 + I_2 - I_3 = 0$$

即

$$\Sigma I = 0 \qquad (2\text{-}13)$$

由此，基尔霍夫电流定律也可表述为：任一时刻，流入电路中任一节点的电流的代数和恒等于零。

基尔霍夫电流定律不仅适用于节点，也可推广应用到包围几个节点的闭合面（也称广义节点）。如图 2-22 所示的电路中，可以把三角形 ABC 看作广义的节点，用 KCL 可列出

$$I_A + I_B + I_C = 0$$

即

$$\Sigma I = 0 \qquad (2\text{-}14)$$

可见，在任一时刻，流过任一闭合面的电流的代数和恒等于零。

【例 2.7】 如图 2-23 所示电路，电流的参考方向已标明。若已知 $I_1=2A$，$I_2=-4A$，$I_3=-8A$，试求 I_4。

解：根据 KCL 可得

$$I_1 - I_2 + I_3 - I_4 = 0$$
$$I_4 = I_1 - I_2 + I_3 = [2 - (-4) + (-8)]A = -2A$$

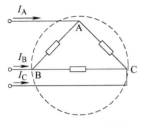

图 2-22　KCL 的推广

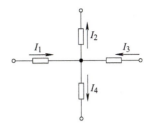

图 2-23　例 2.7 图

2.4.3　基尔霍夫电压定律（KVL）

基尔霍夫电压定律指出：在任何时刻，沿电路中任一闭合回路，各段电压的代数和恒等于零。基尔霍夫电压定律简称 KVL，其一般表达式为

$$\Sigma U = 0 \tag{2-15}$$

应用式（2-15）列电压方程时，首先假定回路的绕行方向，然后选择各部分电压的参考方向，凡参考方向与回路绕行方向一致者，该电压前取正号；凡参考方向与回路绕行方向相反者，该电压前取负号。

在图 2-21 中，对于回路 ABCDEFA，若按顺时针绕行方向，根据 KVL 可得

$$U_1 - U_2 + U_{S2} - U_{S1} = 0$$

根据欧姆定律，上式还可表示为

$$I_1 R_1 - I_2 R_2 - U_{S2} + U_{S1} = 0$$

即

$$\Sigma IR = \Sigma U_S \tag{2-16}$$

式（2-16）表示，沿回路绕行方向，各电阻电压降的代数和等于各电源电动势升的代数和。

基尔霍夫电压定律不仅应用于回路，也可推广应用于一段不闭合电路。如图 2-24 所示电路中，A、B 两端未闭合，若设 A、B 两点之间的电压为 U_{AB}，按逆时针绕行方向可得

$$U_{AB} - U_S - U_R = 0$$

则

$$U_{AB} = U_S + RI$$

上式表明，开口电路两端的电压等于该两端点之间各段电压降之和。

【例 2.8】　求图 2-25 所示电路中 10Ω 电阻及电流源的端电压。

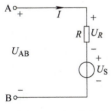

图 2-24　KVL 的推广

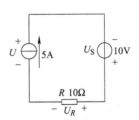

图 2-25　例 2.8 图

解：按图示方向得

$$U_R = 5 \times 10\text{V} = 50\,\text{V}$$

按顺时针绕行方向，根据 KVL 得

$$-U_S + U_R - U = 0$$

$$U = -U_S + U_R = (-10 + 50)\text{V} = 40\,\text{V}$$

【例 2.9】 在图 2-26 中，已知 R_1=4Ω，R_2=6Ω，U_{S1}=10V，U_{S2}=20V，试求 U_{AC}。

解：由 KVL 得

$$IR_1 + U_{S2} + IR_2 - U_{S1} = 0$$

$$I = \frac{U_{S1} - U_{S2}}{R_1 + R_2} = \frac{-10}{10}\text{A} = -1\text{A}$$

由 KVL 的推广形式得

$$U_{AC} = IR_1 + U_{S2} = (-4 + 20)\text{V} = 16\,\text{V}$$

或

$$U_{AC} = U_{S1} - IR_2 = [10 - (-6)]\text{V} = 16\,\text{V}$$

由本例可见，电路中某段电压和路径无关。因此，计算时应尽量选择较短的路径。

【例 2.10】 求图 2-27 所示电路中的 U_2、I_2、R_1、R_2 及 U_S。

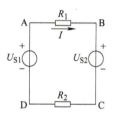

图 2-26 例 2.9 图

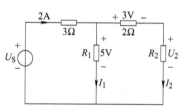

图 2-27 例 2.10 图

解：

$$I_2 = \frac{3}{2}\text{A} = 1.5\,\text{A}$$

由 KVL 可得

$$U_2 - 5\text{V} + 3\text{V} = 0$$

$$U_2 = 2\,\text{V}$$

$$R_2 = \frac{U_2}{I_2} = \frac{2}{1.5}\Omega = 1.33\,\Omega$$

由 KCL 可得

$$I_1 + I_2 = 2\text{A}$$

$$I_1 = (2 - 1.5)\text{A} = 0.5\,\text{A}$$

$$R_1 = \frac{5}{0.5}\Omega = 10\,\Omega$$

对于左边的网孔，由 KVL 可得 $\quad 3 \times 2\text{V} + 5\text{V} - U_S = 0$

$$U_S = 11\text{V}$$

2.4.4 支路电流法

支路电流法是以支路电流为求解对象，应用基尔霍夫电流定律和基尔霍夫电压定律分别对节点和回路列出所需要的方程组，然后再解出各未知的支路电流。

支路电流法求解电路的步骤如下：
1）标出支路电流参考方向和回路绕行方向。
2）根据 KCL 列写节点的电流方程式。
3）根据 KVL 列写回路的电压方程式。
4）解联立方程组，求取未知量。

【例 2.11】 如图 2-28 所示为两台发电机并联运行共同向负载 R_L 供电。已知 $E_1=130\text{V}$，$E_2=117\text{V}$，$R_1=1\Omega$，$R_2=0.6\Omega$，$R_L=24\Omega$，求各支路的电流及发电机两端的电压。

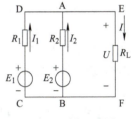

图 2-28　例 2.11 图

解：1）选各支路电流参考方向如图所示，回路绕行方向均为顺时针方向。

2）列写节点 A 的 KCL 方程：

$$I_1 + I_2 = I$$

3）列写 KVL 方程：

对于 ABCDA 回路：　　$E_1 - E_2 = R_1 I_1 - R_2 I_2$

对于 AEFBA 回路：　　$E_2 = R_2 I_2 + R_L I$

其基尔霍夫定律方程组为
$$\begin{cases} I_1 + I_2 = I \\ E_1 - E_2 = R_1 I_1 - R_2 I_2 \\ E_2 = R_2 I_2 + R_L I \end{cases}$$

将数据代入各式后得
$$\begin{cases} I_1 + I_2 = I \\ 130 - 117 = I_1 - 0.6 I_2 \\ 117 = 0.6 I_2 + 24 I \end{cases}$$

解此联立方程组得

$$I_1 = 10\text{A} \qquad I_2 = -5\text{A} \qquad I = 5\text{A}$$

发电机两端电压 U 为

$$U = R_L I = 24 \times 5\text{V} = 120\text{V}$$

2.4.5 叠加定理

叠加定理指出：在线性电路中，若有几个电源共同作用时，任何一条支路的电流（或电压）等于各个电源单独作用时在该支路中所产生的电流（或电压）的代数和。

使用叠加定理时应注意以下几点：

1）叠加定理只适用于线性电路。

2）所谓某个电源单独作用，其他电源不作用是指：不作用的电压源用短路线代替，不作用的电流源用开路代替，但要保留其内阻。

3）将各个电源单独作用所产生的电流（或电压）叠加时，必须注意参考方向。当分量的参考方向和总量的参考方向一致时，该分量取正，反之则取负。

4）在线性电路中，叠加定理只能用来计算电路中的电压和电流，不能用来计算功率。这是因为功率与电压、电流之间不存在线性关系。

叠加定理可以直接用来计算复杂电路，其优点是可以把一个复杂电路分解为几个简单电路分别进行计算，避免了求解联立方程。然而当电路中的电源数目较多时，计算量则太大。因此，叠加定理一般不直接用作解题方法。学习叠加定理的目的是掌握线性电路的基本性质和分析方法。例如，在对非正弦周期电路、线性电路的过渡过程、线性条件下的晶体管放大电路的分析以及集成运算放大器的应用中，都要用到叠加定理。

【例 2.12】 电路如图 2-29a 所示，已知 $U_{S1}=24V$，$I_{S2}=1.5A$，$R_1=200\Omega$，$R_2=100\Omega$。应用叠加定理计算各支路电流。

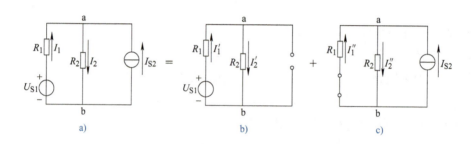

图 2-29 例 2.12 图

解：图示电路中只有两个电源，故采用叠加定理计算比较方便。

当电压源单独作用时，电流源不作用，以开路替代，电路如图 2-29b 所示，则

$$I_1' = I_2' = \frac{U_{S1}}{R_1 + R_2} = \frac{24}{200+100}A = 0.08A$$

当电流源单独作用时，电压源不作用，以短路线替代，如图 2-29c 所示，则

$$I_1'' = -\frac{R_2}{R_1 + R_2} I_{S2} = -\frac{100}{200+100} \times 1.5A = -0.5A$$

$$I_2'' = \frac{R_1}{R_1 + R_2} I_{S2} = \frac{200}{200+100} \times 1.5A = 1A$$

各支路电流

$$I_1 = I_1' + I_1'' = (0.08 - 0.5)A = -0.42A$$

$$I_2 = I_2' + I_2'' = (0.08 + 1)A = 1.08A$$

2.4.6 戴维南定理及其应用

1. 戴维南定理

戴维南定理指出：任何一个线性有源二端网络，对外电路来说，总可以用一个电压源与电阻的串联模型来替代。电压源的电压等于该有源二端网络的开路电压 U_{OC}，其电阻则等于该有源二端网络中所有电压源短路、电流源开路后的等效电阻 R_{eq}。

戴维南定理可用图 2-30 所示框图表示。图中电压源串电阻支路称为戴维南等效电路，所串电阻则称为戴维南等效内阻，也称输出电阻。

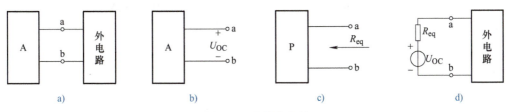

图 2-30 戴维南定理

2. 戴维南定理的应用

应用一：将复杂的有源二端网络化为最简形式。

【例 2.13】 用戴维南定理化简图 2-31a 所示电路。

解：（1）求开路端电压 U_{OC}

在图 2-31a 所示电路中

$$(3+6)\Omega \times I + 9V - 18V = 0$$
$$I = 1A$$
$$U_{OC} = U_{ab} = (6I + 9V) = (6 \times 1 + 9)V = 15V$$

或

$$U_{OC} = U_{ab} = -3I + 18V = (-3 \times 1 + 18)V = 15V$$

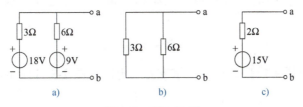

图 2-31 例 2.13 图

（2）求等效电阻 R_{eq}

将电路中的电压源短路，得无源二端网络，如图 2-31b 所示。可得

$$R_{eq} = R_{ab} = \frac{3 \times 6}{3+6}\Omega = 2\Omega$$

（3）作等效电压源模型

作图时，应注意使等效电源电压的极性与原二端网络开路端电压的极性一致，电路如

图 2-31c 所示。

应用二：计算电路中某一支路的电压或电流。

当计算复杂电路中某一支路的电压或电流时，采用戴维南定理比较方便。

【例 2.14】 用戴维南定理计算图 2-32a 所示电路中电阻 R_L 上的电流。

解：(1) 把电路分为待求支路和有源二端网络两个部分。移开待求支路，得有源二端网络，如图 2-32b 所示。

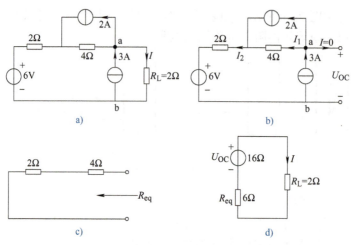

图 2-32 例 2.14 图

(2) 求有源二端网络的开路端电压 U_{OC}。因为此时 $I=0$，由图 2-32b 可得

$$I_1 = (3-2)\text{A} = 1\text{A}$$

$$I_2 = (2+1)\text{A} = 3\text{A}$$

$$U_{OC} = (1\times 4 + 3\times 2 + 6)\text{V} = 16\text{V}$$

(3) 求等效电阻 R_{eq}

将有源二端网络中的电压源短路、电流源开路，可得无源二端网络，如图 2-32c 所示，则

$$R_{eq} = (2+4)\Omega = 6\Omega$$

(4) 画出等效电压源模型，接上待求支路，电路如图 2-32d 所示。所求电流为

$$I = \frac{U_{OC}}{R_{eq}+R_L} = \frac{16}{6+2}\text{A} = 2\text{A}$$

应用三：分析负载获得最大功率的条件。

【例 2.15】 试求例 2.14 中负载电阻 R_L 的功率。若 R_L 为可调电阻，问 R_L 为何值时获得的功率最大？其最大功率是多少？由此总结出负载获得最大功率的条件。

解：(1) 利用例 2.14 的计算结果可得：$P_L = I^2 R_L = 2^2 \times 2\text{W} = 8\text{W}$

(2) 若负载电阻 R_L 是可变电阻，由图 2-32d，可得

$$I = \frac{U_{OC}}{R_{eq} + R_L}$$

则 R_L 从网络中所获得的功率为

$$P_L = \left(\frac{U_{OC}}{R_{eq} + R_L}\right)^2 R_L$$

上式说明：负载从电源中获得的功率取决于负载本身的情况，当负载开路（无穷大电阻）或短路（零电阻）时，功率皆为零。当负载电阻在 $0 \sim \infty$ 之间变化时，负载可获得最大功率。这个功率最大值应发生在 $\frac{dP_L}{dR_L} = 0$ 时，经计算得

$$R_L = R_{eq} = 6\Omega$$

$$P_{Lm} = \left(\frac{U_{OC}}{2R_{eq}}\right)^2 R_{eq} = \frac{U_{OC}^2}{4R_{eq}} = \frac{16^2}{4\times 6}W = 10.7W$$

综上所述，负载获得最大功率的条件是负载电阻等于等效电源的内阻，即 $R_L = R_{eq}$。电路的这种工作状态称为电阻匹配。

实践任务书 2-4　线性电路中的叠加原理及其验证

1. 器材
（1）面包板　　　　　　　　　　　　一块
（2）直流稳压电源　　　　　　　　　两台
（3）万用表　　　　　　　　　　　　一块
（4）电阻　　　　　　　　　　　　　三个
（5）导线　　　　　　　　　　　　　若干根

2. 实践内容
（1）电路连接及参数选择

电路如图 2-33 所示，由 R_1、R_2 和 R_3 组成的 T 形网络实验电路及直流电压源 U_{S1} 和 U_{S2} 构成线性电路。在面包板上按图 2-33 所示电路选择电路参数并连接电路。

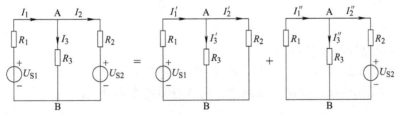

图 2-33　实验电路

参数数值及单位填入表 2-5。

表 2-5　实验电路元件参数

R_1	R_2	R_3	U_{S1}	U_{S2}

（2）叠加原理的验证

首先调节稳压电源输出电压 U_{S1}、U_{S2}。

然后在两个电压源单独作用以及共同作用下分别测试出各支路电流和电压值，填入表 2-6。

最后根据实测数据验证叠加原理。

表 2-6　验证叠加原理（U_{S1}=　　V，U_{S2}=　　V）

电源	电流、电压		
	I_1	I_2	I_3
	U_1	U_2	U_3
U_{S1} 单独作用	I_1'	I_2'	I_3'
	U_1'	U_2'	U_3'
U_{S2} 单独作用	I_1''	I_2''	I_3''
	U_1''	U_2''	U_3''
前两项叠加	$I_1'+I_1''$	$I_2'+I_2''$	$I_3'+I_3''$
	$U_1'+U_1''$	$U_2'+U_2''$	$U_3'+U_3''$
U_{S1}、U_{S2} 共同作用	I_1	I_2	I_3
	U_1	U_2	U_3

实践任务书 2-5　有源二端网络中的戴维南原理及其验证

1. 器材

（1）数字万用表　　　　　　　　　　一块
（2）直流稳压电源　　　　　　　　　两台
（3）电阻　　　　　　　　　　　　　若干
（4）导线　　　　　　　　　　　　　若干根
（5）面包板　　　　　　　　　　　　两块

2. 实践内容

（1）实验电路连接及参数选择

实验电路如图 2-34 所示，由 R_1、R_2 和 R_3 组成的 T 形网络及直流电源 U_S 构成线性有源二端网络，可调电阻箱作为负载电阻 R_L。

在实验台上按图 2-34 所示选择电路各参数并连接电路。参数数值及单位填入表 2-7 中。

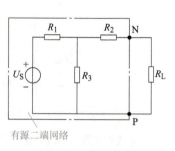

图 2-34　实验电路

表 2-7 实验电路元件参数

R_1	R_2	R_3	U_S	R_L

（2）戴维南等效电路参数理论值的计算

根据图 2-35 给出的电路及实验步骤（1）所选择的参数计算有源二端网络的开路电压 U_{OC}、短路电流 I_{SC} 及等效电阻 R_O，并记入表 2-8 中。

1）开路电压 U_{OC} 可以采用电压表直接测量，如图 2-35 所示。

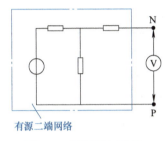 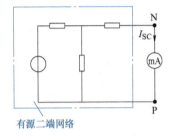

图 2-35　测开路电压 U_{OC}　　　　　图 2-36　测短路电流 I_{SC}

直接用万用表的电压档测量电路中有源二端网络端口（N-P）的开路电压 U_{OC}，如图 2-35 所示，结果记入表 2-8 中。

2）等效内阻 R_O 的测量可以采用开路电压、短路电流法。

当二端网络内部有源时，测量二端网络的短路电流 I_{SC}，电路连接如图 2-36 所示，计算等效电阻 $R_O=U_{OC}/I_{SC}$，结果记入表 2-8 中。

表 2-8 开路电压、短路电流及等效电阻实验记录

被测量	理论计算值	实验测量值
开路电压 U_{OC}/V		
短路电流 I_{SC}/A		
等效电阻 $R_O=U_{OC}/I_{SC}/\Omega$		

（3）验证戴维南定理、理解等效的概念

1）测量原有源二端网络外接负载时的电流、电压。

将图 2-34 的原有源二端网络外接负载 R_L，测量 R_L 上的电流 I_L 及端电压 U_L，结果记入表 2-9 中，并与前一步实验结果进行比较，验证戴维南定理。

2）测量戴维南等效电路外接同样负载时的电流、电压。

① 组成戴维南等效电路。根据表 2-8 的实验数据，调节稳压电源输出电压值 E，使 $E=U_{OC}$，调节一个可调电阻箱，使其阻值为 R_O，查阅表 2-7 中负载 R_L 的阻值，用另一个可调电阻箱作为负载 R_L，组成如图 2-37b 所示的戴维南等效电路。

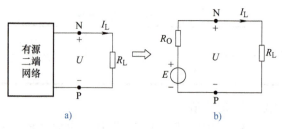

图 2-37 戴维南原电路及等效电路

a）原电路　b）戴维南等效电路

② 测量戴维南等效电路负载电阻 R_L 上的电流 I_L 及端电压 U_L，结果记入表 2-9 中。

表 2-9　验证戴维南定理

被测量	U_L/V	I_L/mA
原有源二端网络		
戴维南等效电路		

思考与练习

2.1　已知电路如图 2-38 所示，试计算 a、b 两端的电阻。

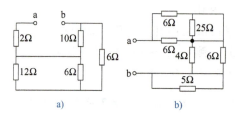

图 2-38　题 2.1 图

2.2　根据基尔霍夫定律，求图 2-39 所示电路中的电流 I_1 和 I_2。

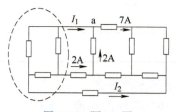

图 2-39　题 2.2 图

2.3　有一盏"220V、60W"的电灯接到电路中。（1）试求电灯的电阻；（2）当接到 220V 电压下工作时的电流；（3）如果每晚用三小时，问一个月（按 30 天计算）用多少电？

2.4　根据基尔霍夫定律求图 2-40 所示电路中的电压 U_1、U_2 和 U_3。

2.5　已知电路如图 2-41 所示，其中 E_1=15V，E_2=65V，R_1=5Ω，R_2=R_3=10Ω。试用支路电流法求 R_1、R_2 和 R_3 三个电阻上的电压。

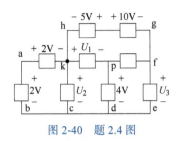
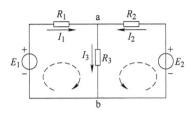

图 2-40　题 2.4 图　　　　　　　图 2-41　题 2.5 图

2.6　试用支路电流法求图 2-42 所示电路中的电流 I_1、I_2、I_3、I_4 和 I_5。（只列方程不求解）

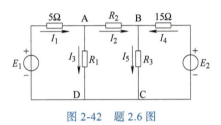

图 2-42　题 2.6 图

2.7　试用支路电流法求图 2-43 电路中的电流 I_3。

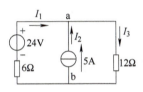

图 2-43　题 2.7 图

2.8　应用等效电源的变换，化简图 2-44 所示的各电路。

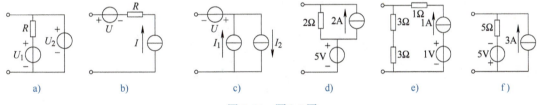

图 2-44　题 2.8 图

2.9　试用电源等效变换的方法，求图 2-45 所示电路中的电流 I。

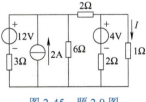

图 2-45　题 2.9 图

2.10　试计算图 2-46 中的电流 I。

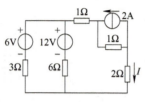

图 2-46 题 2.10 图

2.11 已知电路如图 2-47 所示。试应用叠加原理计算支路电流 I 和电流源的电压 U。

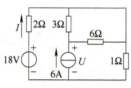

图 2-47 题 2.11 图

项目 3 正弦交流电路的分析与实践

项目导读

正弦交流电是我国电能生产、输送、分配和使用的主要形式。正弦交流电的使用非常广泛，目前所使用的电能几乎都是以正弦交流电的形式产生的，即使在需要用直流电的场合，大多数也是将正弦交流电通过整流设备变换为直流电，因此学习、研究正弦交流电具有重要的现实意义。本项目主要介绍了正弦量的相量表示法、RLC 三元件电路、功率及功率因数的提高等。

❖ **知识目标：**

掌握正弦交流电路的基本概念；

掌握 R、L、C 三种元件的电压、电流的关系；

掌握正弦交流电路中的功率计算；

了解谐振现象的研究意义。

❖ **能力目标：**

能正确表示交流正弦量；

能选择合适的电气元件来提高功率因数；

能用相量分析法分析复杂电路；

会正确测量交流电路的电量参数。

❖ **素养目标：**

理解、践行工匠精神，增强工程素养和工程意识；

厚植爱国情怀、增强民族自信。

任务 3.1 正弦信号及其测试

3.1.1 正弦电流及其三要素

随时间按正弦规律变化的电流称为正弦电流，同样地有正弦电压等。这些按正弦规律变化的物理量统称为正弦量。

设图 3-1 中通过元件的电流 i 是正弦电流，其参考方向如图所示。正弦电流的一般表达式为

$$i(t) = I_m \sin(\omega t + \psi) \tag{3-1}$$

正弦交流电

它表示电流 i 是时间 t 的正弦函数,不同的时间有不同的量值,称为瞬时值,用小写字母表示。电流 i 的时间函数曲线如图 3-2 所示,称为波形图。

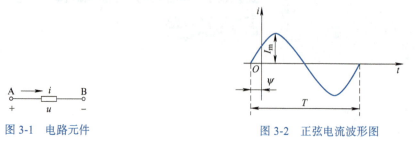

图 3-1　电路元件　　　　　　　　　图 3-2　正弦电流波形图

在式(3-1)中,I_m 为正弦电流的最大值(幅值),即正弦量的振幅,用大写字母加下标 m 表示正弦量的最大值,例如 I_m、U_m、E_m 等,它反映了正弦量变化的幅度。$\omega t + \psi$ 随时间变化,称为正弦量的相位,它描述了正弦量变化的进程或状态。ψ 为 $t=0$ 时刻的相位,称为初相位(初相角),简称初相。习惯上取 $|\psi| \leqslant 180°$。图 3-3a、b 分别表示初相位为正值和负值时正弦电流的波形图。

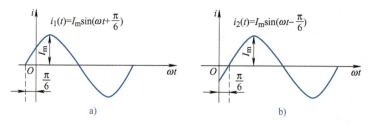

图 3-3　正弦电流的初相位

正弦电流每重复变化一次所经历的时间间隔即为它的周期,用 T 表示,周期的单位为秒(s)。正弦电流每经过一个周期 T,对应的角度变化了 2π 弧度(rad),所以

$$\omega T = 2\pi$$

$$\omega = \frac{2\pi}{T} = 2\pi f \tag{3-2}$$

式中,ω 为角频率,表示正弦量在单位时间内变化的角度,反映正弦量变化的快慢。用弧度/秒(rad/s)作为角频率的单位;$f = 1/T$ 是频率,表示单位时间内正弦量变化的循环次数,用 1/秒(1/s)作为频率的单位,称为赫兹(Hz)。我国电力系统用的交流电的频率(工频)为 50Hz。

最大值、角频率和初相位称为正弦量的三要素。

3.1.2　相位差

任意两个同频率的正弦电流 $i_1(t) = I_{m1}\sin(\omega t + \psi_1)$ 和 $i_2(t) = I_{m2}\sin(\omega t + \psi_2)$ 的相位差是

$$\varphi_{12} = (\omega t + \psi_1) - (\omega t + \psi_2) = \psi_1 - \psi_2 \tag{3-3}$$

相位差在任何瞬间都是一个与时间无关的常量，等于它们初相位之差。习惯上取 $|\varphi_{12}|\leqslant 180°$。若两个同频率正弦电流的相位差为零，即 $\varphi_{12}=0$，则称这两个正弦量为同相位。如图 3-4 中的 i_1 与 i_3，否则称为不同相位，如 i_1 与 i_2。如果 $\psi_1-\psi_2>0$，则称 i_1 超前 i_2，意指 i_1 比 i_2 先到达正峰值，反过来也可以说 i_2 滞后 i_1。超前或滞后有时也需指明超前或滞后多少角度或时间，以角度表示时为 $\psi_1-\psi_2$；若以时间表示，则为 $(\psi_1-\psi_2)/\omega$。如果两个正弦电流的相位差为 $\varphi_{12}=\pi$，则称这两个正弦量为反相。如果 $\varphi_{12}=\dfrac{\pi}{2}$，则称这两个正弦量为正交。

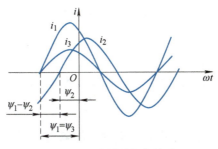

图 3-4　正弦量的相位关系

3.1.3　有效值

周期电流 i 流过电阻 R 在一个周期所产生的能量与直流电流 I 流过电阻 R 在时间 T 内所产生的能量相等，则此直流电流的量值为此周期性电流的有效值。

周期性电流 i 流过电阻 R，在时间 T 内，电流 i 所产生的能量为

$$W_1=\int_0^T i^2R\mathrm{d}t$$

直流电流 I 流过电阻 R 在时间 T 内所产生的能量为

$$W_2=I^2RT$$

当两个电流在一个周期 T 内所做的功相等时，有

$$I^2RT=\int_0^T i^2R\mathrm{d}t$$

于是，得

$$I=\sqrt{\dfrac{1}{T}\int_0^T i^2\mathrm{d}t} \tag{3-4}$$

对正弦电流则有

$$\begin{aligned}I&=\sqrt{\dfrac{1}{T}\int_0^T i^2\mathrm{d}t}=\sqrt{\dfrac{1}{T}\int_0^T I_m^2\sin^2(\omega t+\psi)\mathrm{d}t}\\&=\dfrac{I_m}{\sqrt{2}}\approx 0.707 I_m\end{aligned} \tag{3-5}$$

同理可得　　　　　　　　　$U=U_m/\sqrt{2}$　　　　　　　　$E=E_m/\sqrt{2}$

在工程上谈到周期性电流或电压、电动势等量值时，凡无特殊说明总是指有效值，一般电气设备铭牌上所标明的额定电压和电流值都是指有效值。

3.1.4 正弦量的相量表示法

由于在正弦交流电路中，所有的电压、电流都是同频率的正弦量，所以要确定这些正弦量，只要确定它们的有效值和初相就可以了。相量法就是用复数来表示正弦量。

1. 复数及其表示形式

设 A 是一个复数，并设 a 和 b 分别为它的实部和虚部，则有

$$A = a + jb \tag{3-6}$$

式（3-6）的表示形式称为复数的代数形式。

复数可以用复平面上所对应的点表示，如图 3-5 所示。

$$|A| = \sqrt{a^2 + b^2}$$

复数 A 的矢量与实轴正向间的夹角 ψ 称为 A 的辐角，记作

$$\psi = \arctan \frac{b}{a}$$

从图 3-6 中可得如下关系

$$\begin{cases} a = |A|\cos\psi \\ b = |A|\sin\psi \end{cases}$$

复数 $A = a + jb = |A|(\cos\psi + j\sin\psi)$ 称为复数的三角形式。

再利用欧拉公式

$$e^{j\psi} = \cos\psi + j\sin\psi$$

又得

$$A = |A|e^{j\psi} \tag{3-7}$$

式（3-7）称为复数的指数形式。在工程上简写为 $A = |A|\underline{/\psi}$。

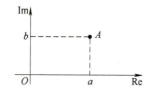

图 3-5 复数在复平面上的表示

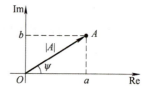

图 3-6 复数的矢量表示

2. 复数运算

（1）复数的加减

设有两个复数：

$$A_1 = a_1 + jb_1$$

$$A_2 = a_2 + jb_2$$

$$A_1 \pm A_2 = (a_1 + jb_1) \pm (a_2 + jb_2)$$
$$= (a_1 \pm a_2) + j(b_1 \pm b_2)$$

两个复数的加减运算在复平面上符合平行四边形的求和法则，如图3-7所示。

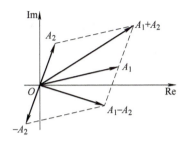

图3-7 复数的加减运算

（2）复数的乘除

复数的乘除运算一般采用指数形式。设有两个复数：

$$A_1 = a_1 + jb_1 = |A_1|\underline{/\psi_1}$$

$$A_2 = a_2 + jb_2 = |A_2|\underline{/\psi_2}$$

$$A_1 A_2 = |A_1||A_2|\underline{/\psi_1+\psi_2}$$

$$\frac{A_1}{A_2} = \frac{|A_1|}{|A_2|}\underline{/\psi_1-\psi_2}$$

即复数相乘时，将模和模相乘，辐角相加；复数相除时，将模相除，辐角相减。

（3）共轭复数

复数 $e^{j\psi}=1\underline{/\psi}$ 是一个模等于1，而辐角等于 ψ 的复数。任意复数 $A=|A|e^{j\psi_1}$ 乘以 $e^{j\psi}$ 等于

$$|A|e^{j\psi_1} \times e^{j\psi} = |A|e^{j(\psi_1+\psi)} = |A|\underline{/\psi_1+\psi}$$

即复数的模不变，辐角变化了 ψ 角，此时复数矢量按逆时针方向旋转了 ψ 角，所以 $e^{j\psi}$ 称为旋转因子。使用最多的旋转因子是 $e^{j90°}$=j 和 $e^{j(-90°)}$=−j。任何一个复数乘以 j（或除以 −j），相当于将该复数矢量按逆时针旋转90°；而乘以 −j 则相当于将该复数矢量按顺时针旋转90°。

3. 正弦量的相量表示法

正弦量

$$u = U_m \sin(\omega t+\psi)$$

可以写作

$$u = U_m \sin(\omega t+\psi) = \text{Im}[\sqrt{2}Ue^{j(\omega t+\psi)}]$$

$$= \text{Im}[\sqrt{2}Ue^{j\psi}e^{j\omega t}] \tag{3-8}$$

式（3-8）中，符号 Im 是虚数的缩写。其中复常数部分 $Ue^{j\psi}$ 是包含了正弦量的有效值 U 和初相角 ψ 的复数，把这个复数称为正弦量的相量，并用符号 $\dot{U}$ 表示，上面的小圆点用来表示相量，则

$$\dot{U} = Ue^{j\psi}$$

简写为

$$\dot{U} = U\underline{/\psi}$$

相量和复数一样，可以在复平面上用矢量表示，这种表示相量的图，称为相量图。电压、电流相量图如图3-8所示。

【例3.1】 已知正弦电压 $u_1=\sqrt{2}\ 100\sin(314t+60°)$V 和 $u_2=\sqrt{2}\ 50\sin(314t-60°)$V，写出 u_1 和 u_2 的相量表示式，并画出相量图。

解：$\dot{U}_1=100\angle 60°$ V

$\dot{U}_2=50\angle -60°$ V

相量图如图3-9所示。

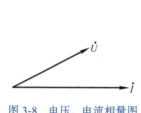

图3-8 电压、电流相量图

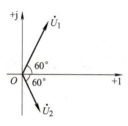

图3-9 例3.1图

【例3.2】 已知两频率均为50Hz的电压，它们的相量表示式分别为 $\dot{U}_1=380\angle 30°$ V，$\dot{U}_2=220\angle -60°$ V，试写出这两个电压的解析式。

解：$\omega=2\pi f=2\pi\times 50rad/s=314$rad/s

$u_1=380\sqrt{2}\ \sin(314t+30°)$V

$u_2=220\sqrt{2}\ \sin(314t-60°)$V

【例3.3】 已知 $i_1=100\sqrt{2}\ \sin\omega t$ A，$i_2=100\sqrt{2}\ \sin(\omega t-120°)$A，试用相量法求 i_1+i_2。

解：$\dot{I}_1=100\angle 0°$ A

$\dot{I}_2=100\angle -120°$ A

$\dot{I}_1+\dot{I}_2=100\angle 0°$ A$+100\angle -120°$ A

$=100\angle -60°$ A

$i_1+i_2=100\sqrt{2}\ \sin(\omega t-60°)$A

由此可见，正弦量用相量表示，可以使正弦量的运算简化。

实践任务书3-1 正弦交流电压的测量

1. 器材

（1）示波器　　　　　　　　　　　　一台

（2）交流电源工作台　　　　　　　　一个

2. 实践内容

将Y轴输入耦合开关置于"AC"位置，显示出输入波形的交流成分。如交流信号的频率很低时，则应将Y轴输入耦合开关置于"DC"位置。

将被测波形移至示波管屏幕的中心位置，用"V/div"开关将被测波形控制在屏幕有效工作面积的范围内，按坐标刻度片的分度读取整个波形所占 Y 轴方向的度数 H，则被测电压的峰-峰值 V_{P-P} 可等于"V/div"开关指示值与 H 的乘积。如果使用探头测量，应把探头的衰减量计算在内，即把上述计算数值乘以 10。

例如，示波器的 Y 轴灵敏度开关"V/div"位于 0.2 档级，被测波形占 Y 轴的坐标幅度 H 为 5div，则此信号电压的峰-峰值为 1V。如果经探头测量仍指示上述数值，则被测信号电压的峰-峰值就为 10V。

任务 3.2　正弦信号激励下单一元件的交流特性

3.2.1　电阻元件

1. 电阻元件上电压与电流的关系

当电阻两端加上正弦交流电压时，电阻中就有交流电流通过，电压与电流的瞬时值仍然遵循欧姆定律。在图 3-10 中，电压与电流为关联参考方向，则电阻上的电流为

$$i_R = \frac{u_R}{R} \tag{3-9}$$

式（3-9）是交流电路中电阻元件的电压与电流的基本关系。

如加在电阻两端的是正弦交流电压：

$$u_R = U_{Rm}\sin(\omega t + \psi_u)$$

则电路中的电流为

$$i_R = \frac{u_R}{R} = \frac{U_{Rm}\sin(\omega t + \psi_u)}{R} = I_{Rm}\sin(\omega t + \psi_i) \tag{3-10}$$

式中

$$I_{Rm} = \frac{U_{Rm}}{R} \qquad \psi_i = \psi_u$$

写成有效值关系为

$$I_R = \frac{U_R}{R} \quad 或 \quad U_R = RI_R \tag{3-11}$$

从以上分析可知：
1) 电阻两端的电压与电流同频率、同相位。
2) 电阻两端的电压与电流在数值上成正比。

其波形图如图 3-11 所示（设 $\psi_i = 0$）。

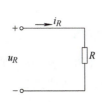

图 3-10　电阻元件

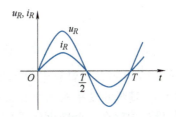

图 3-11　电阻元件的电压、电流波形图

电阻元件上电压与电流的相量关系为

$$\dot{U}_R = RI_R \angle \psi_u = RI_R \angle \psi_i \qquad \dot{I}_R = I_R \angle \psi_i \tag{3-12}$$

则

$$\dot{U}_R = R\dot{I}_R$$

式（3-12）就是电阻元件上电压与电流的相量关系，也就是相量形式的欧姆定律。

图 3-12 给出了电阻元件的相量模型及相量图。

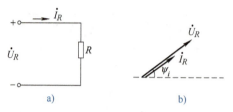

图 3-12　电阻元件的相量模型及相量图

a）相量模型　b）相量图

2.电阻元件的功率

在交流电路中，任意电路元件上的电压瞬时值与电流瞬时值的乘积称作该元件的瞬时功率，用小写字母 p 表示。当 u_R、i_R 为关联参考方向时：

$$p = u_R i_R \tag{3-13}$$

若电阻两端的电压、电流为（设初相角为 0°）

$$u_R = U_{Rm} \sin \omega t$$

$$i_R = I_{Rm} \sin \omega t$$

则正弦交流电路中电阻元件上的瞬时功率为

$$\begin{aligned} p = u_R i_R &= U_{Rm} \sin \omega t \times I_{Rm} \sin \omega t \\ &= U_{Rm} I_{Rm} \sin^2 \omega t \\ &= U_R I_R (1 - \cos 2\omega t) \end{aligned} \tag{3-14}$$

其电压、电流、功率波形图如图 3-13 所示。

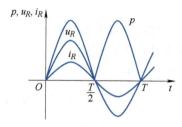

图 3-13　电阻元件的电压、电流、功率波形图

从图 3-13 可知：只要有电流流过电阻，电阻 R 上的瞬时功率 $p \geq 0$，即总是吸收功率（消耗功率）。其吸收功率的大小在工程上都用平均功率来表示。周期性交流电路中的平均功率就是瞬时功率在一个周期的平均值。

平均功率：
$$P = \frac{1}{T}\int_0^T p\,dt = \frac{1}{T}\int_0^T U_R I_R(1-\cos 2\omega t)\,dt = U_R I_R$$

又因
$$U_R = RI_R$$

所以
$$P = U_R I_R = I_R^2 R = U_R^2 / R \tag{3-15}$$

由于平均功率反映了元件实际消耗电能的情况，所以又称有功功率，习惯上常简称功率。

【例 3.4】 一额定电压为 220V、功率为 100W 的电烙铁，误接在 380V 的交流电源上，问此时它消耗的功率是多少？会出现什么现象？

解：已知额定电压和功率，可求出电烙铁的等效电阻为

$$R = \frac{U_R^2}{P} = \frac{220^2}{100}\,\Omega = 484\,\Omega$$

当误接在 380V 电源上时，电烙铁实际消耗的功率为

$$P_1 = \frac{380^2}{484}\,\text{W} \approx 298.3\,\text{W}$$

此时，电烙铁内的电阻很可能被烧断。

3.2.2 电感元件

1. 电感元件上电压和电流的关系

设一电感 L 中通入正弦电流，其参考方向如图 3-14 所示。

设
$$i_L = I_{Lm}\sin(\omega t + \psi_i)$$

则电感两端的电压为

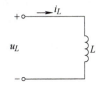

图 3-14 电感元件

$$\begin{aligned}
u_L &= L\frac{di_L}{dt} = L\frac{dI_{Lm}\sin(\omega t + \psi_i)}{dt} \\
&= I_{Lm}\omega L\cos(\omega t + \psi_i) \\
&= U_{Lm}\sin\left(\omega t + \psi_i + \frac{\pi}{2}\right) \\
&= U_{Lm}\sin(\omega t + \psi_u)
\end{aligned} \tag{3-16}$$

式中
$$U_{Lm} = \omega L I_{Lm} \qquad \psi_u = \psi_i + \frac{\pi}{2}$$

写成有效值为
$$U_L = \omega L I_L \quad \text{或} \quad \frac{U_L}{I_L} = \omega L \tag{3-17}$$

从以上分析可知：
1) 电感两端的电压与电流同频率。
2) 电感两端的电压在相位上超前电流 90°。
3) 电感两端的电压与电流有效值（或最大值）之比为 ωL。

令：
$$X_L = \omega L = 2\pi f L \tag{3-18}$$

X_L 称为感抗，它是用来表示电感元件对电流阻碍作用的物理量。它与角频率成正比，单位是欧姆（Ω）。

在直流电路中，$\omega=0$，$X_L=0$，所以电感在直流电路中视为短路。

将式（3-18）代入式（3-17），得

$$U_L = X_L I_L \tag{3-19}$$

电感元件的电压、电流波形图如图 3-15 所示（设 $\psi_i=0$）。电感元件上电压与电流的相量关系为

$$\dot{I}_L = I_L \angle \psi_i$$

$$\dot{U}_L = \omega L I_L \angle \psi_i + 90° = j\omega L \dot{I}_L = jX_L \dot{I}_L$$

即

$$\dot{U}_L = jX_L \dot{I}_L \tag{3-20}$$

图 3-16 给出了电感元件的相量模型及相量图。

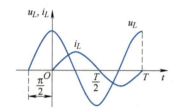

图 3-15 电感元件的电压、电流波形图

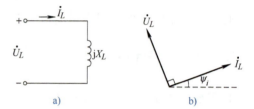

图 3-16 电感元件的相量模型及相量图

a) 相量模型　b) 相量图

2. 电感元件的功率

在电压与电流参考方向一致的情况下，电感元件的瞬时功率为

$$p = u_L i_L$$

若电感两端的电流、电压为（设 $\psi_i=0$）

$$i_L = I_{Lm} \sin \omega t$$

$$u_L = U_{Lm} \sin\left(\omega t + \frac{\pi}{2}\right)$$

则正弦交流电路中电感元件上的瞬时功率为

$$\begin{aligned} p = u_L i_L &= U_{Lm} \sin\left(\omega t + \frac{\pi}{2}\right) \times I_{Lm} \sin \omega t \\ &= U_{Lm} I_{Lm} \sin \omega t \cos \omega t \\ &= U_L I_L \sin 2\omega t \end{aligned} \tag{3-21}$$

其电压、电流、功率波形图如图 3-17 所示。由式（3-21）或波形图都可以看出，此功率是以两倍角频率作正弦变化的。

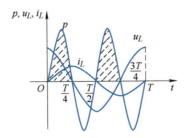

图 3-17 电感元件的电压、电流、功率波形图

电感在通以正弦电流时，所吸收的平均功率为

$$P = \frac{1}{T}\int_0^T p\,dt = \frac{1}{T}\int_0^T U_L I_L \sin 2\omega t\,dt = 0 \tag{3-22}$$

式（3-22）表明，电感元件是不消耗能量的，它是储能元件。电感吸收的瞬时功率不为零，在第一和第三个 1/4 周期内，瞬时功率为正值，电感吸取电源的电能，并将其转换成磁场能量储存起来；在第二和第四个 1/4 周期内，瞬时功率为负值，将储存的磁场能量转换成电能返送给电源。

为了衡量电源与电感元件间的能量交换的大小，把电感元件瞬时功率的最大值称为无功功率，用 Q_L 表示。

$$Q_L = U_L I_L = I_L^2 X_L = \frac{U_L^2}{X_L} \tag{3-23}$$

无功功率的单位为乏（var），工程中有时也用千乏（kvar）。

$$1\text{kvar} = 10^3 \text{var}$$

【例 3.5】 若将 $L = 20\text{mH}$ 的电感元件接在 $U_L = 110\text{V}$ 的正弦电源上，则通过的电流是 1mA，求：(1) 电感元件的感抗及电源的频率；(2) 若把该元件接在直流 110V 电源上，会出现什么现象？

解：(1) $X_L = \dfrac{U_L}{I_L} = \dfrac{110}{1\times 10^{-3}}\Omega = 110\text{k}\Omega$

电源频率 $f = \dfrac{X_L}{2\pi L} = \dfrac{110\times 10^3}{2\pi \times 20 \times 10^{-3}}\text{Hz} = 8.76\times 10^5 \text{Hz}$

(2) 在直流电路中，$X_L = 0$，电流很大，电感元件可能烧坏。

3.2.3 电容元件

1. 电容元件上电压和电流的关系

设一电容 C 中通入正弦交流电，其参考方向如图 3-18 所示。设外接正弦交流电压为

$$u_C = U_{Cm}\sin(\omega t + \psi_u)$$

则电路中电流

图 3-18 电容元件

$$i_C = C\frac{du_C}{dt} = C\frac{dU_{Cm}\sin(\omega t + \psi_u)}{dt}$$
$$= U_{Cm}\omega C\cos(\omega t + \psi_u)$$
$$= I_{Cm}\sin\left(\omega t + \psi_u + \frac{\pi}{2}\right) \quad (3\text{-}24)$$
$$= I_{Cm}\sin(\omega t + \psi_i)$$

式中
$$I_{Cm} = U_{Cm}\omega C \quad \psi_i = \psi_u + \frac{\pi}{2}$$

写成有效值为
$$I_C = \omega C U_C \quad \text{或} \quad \frac{U_C}{I_C} = \frac{1}{\omega C} \quad (3\text{-}25)$$

从以上分析可知
1）电容两端的电压与电流同频率。
2）电容两端的电压在相位上滞后电流 90°。
3）电容两端的电压与电流有效值之比为 $1/\omega C$。

令：
$$X_C = \frac{1}{\omega C} = \frac{1}{2\pi f C} \quad (3\text{-}26)$$

X_C 称为容抗，它是用来表示电容元件对电流阻碍作用的物理量。它与角频率成反比，单位是欧姆（Ω）。

将式（3-26）代入式（3-25），得
$$U_C = X_C I_C \quad (3\text{-}27)$$

电容元件的电压、电流波形图如图 3-19 所示（设 $\psi_u=0$）。

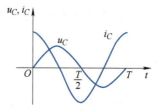

图 3-19　电容元件的电压、电流波形图

电容元件上电压与电流的相量关系为
$$\dot{U}_C = U_C\angle\psi_u$$
$$\dot{I}_C = \omega C U_C\angle\psi_u + 90°$$
$$= j\omega C\dot{U}_C = j\frac{\dot{U}_C}{X_C}$$

即
$$\dot{U}_C = -jX_C\dot{I}_C \quad (3\text{-}28)$$

图 3-20 给出了电容元件的相量模型及相量图。

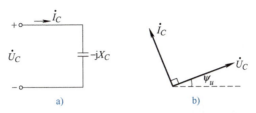

图 3-20 电容元件的相量模型及相量图

a）相量模型　b）相量图

2. 电容元件的功率

在电压与电流参考方向一致的情况下，设：$u_C = U_{Cm}\sin\omega t$，则电容元件的瞬时功率为

$$p = u_C i_C = U_{Cm}\sin\omega t \times I_{Cm}\sin\left(\omega t + \frac{\pi}{2}\right)$$
$$= U_{Cm}I_{Cm}\sin\omega t \cos\omega t \quad (3\text{-}29)$$
$$= U_C I_C \sin 2\omega t$$

其电压、电流、功率波形图如图 3-21 所示。由式（3-29）或波形图都可以看出，此功率是以两倍角频率作正弦变化的。

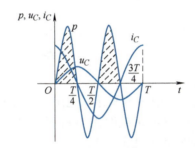

图 3-21 电容元件的电压、电流、功率波形图

电容在通以正弦电流时，所吸收的平均功率为

$$P = \frac{1}{T}\int_0^T p\,dt = \frac{1}{T}\int_0^T U_C I_C \sin 2\omega t\,dt = 0 \quad (3\text{-}30)$$

与电感元件相同，电容元件也是不消耗能量的，它也是储能元件。电容吸收的瞬时功率不为零，在第一和第三个 1/4 周期内，瞬时功率为正值，电容吸取电源的电能，并将其转换成电场能量储存起来；在第二和第四个 1/4 周期内，瞬时功率为负值，将储存的电场能量转换成电能返送给电源。

用无功功率 Q_C 表示电源与电容间的能量交换

$$Q_C = U_C I_C = I_C^2 X_C = \frac{U_C^2}{X_C} \quad (3\text{-}31)$$

【例 3.6】 设加在一电容上的电压 $u(t) = 6\sqrt{2}\sin(1000t - 60°)$V，其电容 C 为 10μF，求：（1）流过电容的电流 $i_C(t)$ 并画出电压、电流的相量图；（2）若接在直流 6V 的电源上，则电流为多少?

解: (1) $\dot{U}_C = 6\angle{-60°}$ V

$$X_C = \frac{1}{\omega C} = \frac{1}{1000 \times 10 \times 10^{-6}}\Omega = 100\Omega$$

$$\dot{I}_C = \frac{\dot{U}_C}{-jX_C} = \frac{6\angle{-60°}}{-j100}A = 0.06\angle{-60°+90°}A$$

$$= 0.06\angle{30°}A$$

电容电流 $\qquad i_C(t) = 0.06\sqrt{2}\sin(1000t+30°)A$

电容电压、电流的相量图如图 3-22 所示。

(2) 若接在直流 6V 电源上,$X_C = \infty$,$I_C = 0$。

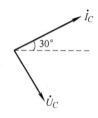

图 3-22　例 3.6 图

实践任务书 3-2　单一元件中电压与电流关系的测试

1. 器材

(1) 交流电压表　　　　　　　　　　　一块
(2) 交流电流表　　　　　　　　　　　一块
(3) 单相功率表　　　　　　　　　　　一块
(4) 镇流器(电感线圈)　　　　　　　一个
(5) 电容 1μF,4.7μF/450V　　　　　各一个
(6) 白炽灯 15W/220V　　　　　　　　三盏

2. 实践内容

1) 根据图 3-23 进行接线,其中 Z 分别选用电阻、电容和电感中单一元件。

2) 在每一种单一元件受电时记录此时的电流表、电压表和功率表读数,并记录在表 3-1 中。功率因数 cosφ 相关知识见任务 3.3。

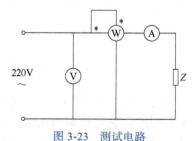

图 3-23　测试电路

表 3-1　记录值

被测阻抗	测量值				计算值		电路等效参数		
	U/V	I/A	P/W	cosφ	Z/Ω	cosφ	R/Ω	L/H	C/μF
15W 白炽灯 R									
电感线圈 L									
电容 C									

3) 根据实验数据进行分析。

任务 3.3　单相照明电路及其安装

3.3.1　有功功率、无功功率、视在功率和功率因数

设有一个二端网络，取电压、电流参考方向如图 3-24 所示，则网络在任一瞬间吸收的功率（即瞬时功率）为

$$p = u(t)i(t)$$

设 $u(t) = \sqrt{2}U\sin(\omega t + \varphi)$ 和 $i(t) = \sqrt{2}I\sin\omega t$，其中 φ 为电压与电流的相位差。

$$p(t) = u(t)i(t) = \sqrt{2}U\sin(\omega t + \varphi)\sqrt{2}I\sin\omega t$$

$$= UI\cos\varphi - UI\cos(2\omega t + \varphi) \tag{3-32}$$

瞬时功率波形图如图 3-25 所示。

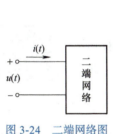

图 3-24　二端网络图

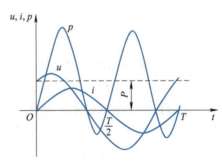

图 3-25　瞬时功率波形图

瞬时功率有时为正值，有时为负值，表示网络有时从外部接收能量，有时向外部发出能量。如果所考虑的二端网络内不含有独立源，这种能量交换的现象就是网络内储能元件所引起的。二端网络所吸收的平均功率 P 为瞬时功率 $p(t)$ 在一个周期内的平均值。

$$P = \frac{1}{T}\int_0^T p(t)\mathrm{d}t$$

将式（3-32）代入上式得

$$P = \frac{1}{T}\int_0^T [UI\cos\varphi - UI\cos(2\omega t + \varphi)]\,\mathrm{d}t = UI\cos\varphi \tag{3-33}$$

可见，正弦交流电路的有功功率等于电压、电流的有效值和电压、电流相位差角余弦的乘积。

$\cos\varphi$ 称为二端网络的功率因数，用 λ 表示，即 $\lambda = \cos\varphi$，φ 称为功率因数角。当二端网络为纯电阻情况下，$\varphi = 0$，功率因数 $\cos\varphi = 1$，网络吸收的有功功率 $P_R = UI$；当二端网络为纯电抗情况下，$\varphi = \pm 90°$，功率因数 $\cos\varphi = 0$，则网络吸收的有功功率 $P_X = 0$。

在一般情况下，二端网络的 $Z = R + \mathrm{j}X$，$\varphi = \arctan\dfrac{X}{R}$，$\cos\varphi \neq 0$，即 $P = UI\cos\varphi$。

二端网络两端的电压 U 和电流 I 的乘积 UI 也是功率的量纲，因此，把乘积 UI 称为

该网络的视在功率，用符号 S 来表示，

即
$$S = UI \tag{3-34}$$

为与有功功率区别，视在功率的单位用伏安（V·A）。视在功率也称容量，例如一台变压器的容量为 4000kV·A，而此变压器能输出多少有功功率，要视负载的功率因数而定。

在正弦交流电路中，除了有功功率和视在功率外，无功功率也是一个重要的量。

即
$$Q = U_X I$$

而
$$U_X = U \sin\varphi$$

所以无功功率：
$$Q = UI \sin\varphi \tag{3-35}$$

当 $\varphi = 0$ 时，二端网络为一等效电阻，电阻总是从电源获得能量，没有能量的交换；

当 $\varphi \neq 0$ 时，说明二端网络中必有储能元件，因此，二端网络与电源间有能量的交换。

对于感性负载，电压超前电流，$\varphi > 0$，$Q > 0$；对于容性负载，电压滞后电流，$\varphi < 0$，$Q < 0$。

3.3.2 功率因数的提高

电源的额定输出功率为 $P_N = S_N \cos\varphi$，它除了取决于本身容量（即额定视在功率）外，还与负载功率因数有关。若负载功率因数低，电源输出功率将减小，这显然是不利的。因此为了充分利用电源设备的容量，应该设法提高负载网络的功率因数。

功率因数的提高

另外，若负载功率因数低，电源在供给有功功率的同时，还要提供足够的无功功率，致使供电线路电流增大，从而造成线路上能耗增大。可见，提高功率因数有很大的经济意义。

功率因数不高的原因，主要是由于大量电感性负载的存在。工厂生产中广泛使用的三相异步电动机就相当于感性负载。为了提高功率因数，可以从两个基本方面来着手：一方面是改进用电设备的功率因数，但这主要涉及更换或改进设备；另一方面是在感性负载的两端并联适当大小的电容。

下面分析利用并联电容来提高功率因数的方法。

原负载为感性负载，其功率因数为 $\cos\varphi$，电流为 $\dot{I}_1$，在其两端并联电容 C，电路如图 3-26a 所示，并联电容以后，并不影响原负载的工作状态。从相量图可知，由于电容电流补偿了负载中的无功电流。使总电流减小，电路的总功率因数提高了。

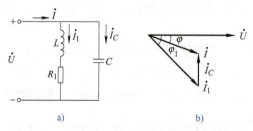

图 3-26 并联电容电路图及相量图
a）电路图 b）相量图

设有一感性负载的端电压为 U，功率为 P，功率因数为 $\cos\varphi_1$，为了使功率因数提高到 $\cos\varphi$，可推导流过电容的电流：

$$I_C = I_1\sin\varphi_1 - I\sin\varphi = \frac{P}{U}(\tan\varphi_1 - \tan\varphi)$$

又因：
$$I_C = U\omega C$$

所以所需并联电容 C 的计算公式：
$$C = \frac{P}{\omega U^2}(\tan\varphi_1 - \tan\varphi) \tag{3-36}$$

【例 3.7】 两个负载并联，接到 220V、50Hz 的电源上。一个负载的功率 P_1 =2.8kW，功率因数 $\cos\varphi_1$ =0.8（感性），另一个负载的功率 P_2 =2.42kW，功率因数 $\cos\varphi_2$ =0.5（感性）。试求：（1）电路的总电流和总功率因数；（2）电路消耗的总功率；（3）要使电路的功率因数提高到 0.92，需并联多大的电容？此时，电路的总电流为多少？（4）再把电路的功率因数从 0.92 提高到 1，需并联多大的电容？

解：（1）
$$I_1 = \frac{P_1}{U\cos\varphi_1} = \frac{2800}{220\times 0.8}\text{A} = 15.9\text{A}$$

$$\cos\varphi_1 = 0.8 \quad \varphi_1 = 36.9°$$

$$I_2 = \frac{P_2}{U\cos\varphi_2} = \frac{2420}{220\times 0.5}\text{A} = 22\text{A}$$

$$\cos\varphi_2 = 0 \quad \varphi_2 = 60°$$

设电源电压：
$$\dot{U} = 220\underline{/0°}\text{ V}$$

则：
$$\dot{I}_1 = 15.9\underline{/-36.9°}\text{ A}$$

$$\dot{I}_2 = 22\underline{/-60°}\text{ A}$$

$$\dot{I} = \dot{I}_1 + \dot{I}_2 = 15.9\underline{/-36.9°} + 22\underline{/-60°} = 37.1\underline{/-50.3°}\text{ A}$$

$$I = 37.1\text{A}$$

$$\varphi' = 50.3° \quad \cos\varphi' = 0.64$$

（2） $\quad P = P_1 + P_2 = 2.8\text{kW} + 2.42\text{kW} = 5.22\text{kW}$

（3） $\quad \cos\varphi = 0.92 \quad \varphi = 23.1°$

$$\cos\varphi' = 0.64 \quad \varphi' = 50.3°$$

$$C = \frac{P}{\omega U^2}(\tan 50.3° - \tan 23.1°)$$

$$= 0.00034(1.2 - 0.426)\text{F} = 263\mu\text{F}$$

$$I = \frac{P}{U\cos\varphi} = \frac{5220}{220\times 0.92}\text{A} = 25.8\text{A}$$

(4) $\cos\varphi' = 0.92$ $\varphi' = 23.1°$ $\cos\varphi = 1$ $\varphi = 0°$

$$C' = \frac{P}{\omega U^2}(\tan 23.1° - \tan 0°)$$

$$=0.00034(0.426-0)F=144.8\mu F$$

由上例计算可以看出，将功率因数从 0.92 提高到 1，仅提高了 0.08，补偿电容需要 144.8μF，将增大设备的投资。

在实际生产中并不需要把功率因数提高到 1，因为这样做需要并联的电容较大，功率因数提高到什么程度为宜，只能在进行具体的技术经济比较之后才能决定。通常只将功率因数提高到 0.9～0.95 之间。

3.3.3 正弦交流电路负载获得最大功率的条件

在图 3-27 所示电路中，$\dot{U}_s$ 为信号源的电压相量，$Z_i = R_i + jX_i$ 为信号源的内阻抗，$Z = R + jX$ 为负载阻抗。

负载中的电流：

$$\dot{I} = \frac{\dot{U}_s}{Z_i + Z} = \frac{\dot{U}_s}{(R_i + R) + j(X_i + X)}$$

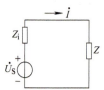

图 3-27 正弦交流电路阻抗

于是，电流的有效值为

$$I = \frac{U_s}{\sqrt{(R_i + R)^2 + (X_i + X)^2}}$$

负载吸取的平均功率：

$$P = I^2 R = \frac{U_s^2 R}{(R_i + R)^2 + (X_i + X)^2} \tag{3-37}$$

如果负载的电抗 X 和电阻 R 均可调，则首先选择负载电抗 $X = -X_i$

使功率 P 为

$$P = \frac{U_s^2 R}{(R_i + R)^2}$$

其次是确定 R 值，将 P 对 R 求导数得

$$\frac{dP}{dR} = U_s^2 \left[\frac{1}{(R_i + R)^2} - \frac{2R}{(R_i + R)^3} \right]$$

令

$$\frac{dP}{dR} = 0$$

解得

$$R = R_i$$

因而负载能获得最大功率的条件为

$$X = -X_i \quad R = R_i$$

即

$$Z = Z_i^* \tag{3-38}$$

当上式成立时，称负载阻抗与电源阻抗匹配。

负载所得最大功率为

$$P_{\max} = \frac{U_s^2}{4R} \tag{3-39}$$

在阻抗匹配电路中，负载得到的最大功率仅是电源输出功率的一半。即阻抗匹配电路的传输效率为 50%，所以阻抗匹配电路只能用于一些小功率电路。而对于电力系统来说，首要的问题是效率，则不能考虑匹配。

3.3.4 谐振电路

1. 谐振概述

谐振是正弦交流电路中可能发生的一种特殊现象。研究电路的谐振，对于强电类专业来讲，主要是为了避免过电压与过电流现象的出现，因此不需研究过细。但对弱电类（电子类、自动控制类）专业而言，谐振现象广泛应用于实际工程技术中，例如收音机中的中频放大器，电视机或收音机输入回路的调谐电路，各类仪器仪表中的滤波电路、LC 振荡回路，利用谐振特性制成的 Q 表等。因此，需要对谐振电路有一套相应的分析方法。

串联谐振的条件是：$\omega_0 L = \dfrac{1}{\omega_0 C}$，即串联电路的电抗为零。由谐振条件导出谐振时的电路频率 $f_0 = \dfrac{1}{2\pi\sqrt{LC}}$。

使 RLC 串联电路发生谐振的方法有：

1）调整信号源的频率，使之等于电路的固有频率。

2）信号源的频率不变时，可以改变电路中的 L 值或 C 值的大小，使电路的固有频率等于信号源的频率。

串联电路的谐振特征有：

1）电路发生串联谐振时，电路中阻抗最小，为电阻特性，且等于谐振电路中线圈的铜耗电阻 R。

2）若串联谐振电路中的电压一定，由于阻抗最小，因此电流达到最大，且与外加电压同相位。

3）电感和电容元件两端的电压大小相等、相位相反，且数值等于输入电压的 Q 倍（其中 Q 是串联谐振电路的品质因数）。

2. 串联谐振电路的品质因数 Q 与电路的频率特性曲线的关系

串联谐振电路的品质因数 $Q = \dfrac{1}{R}\sqrt{\dfrac{L}{C}}$ 是分析谐振电路时常用到的一个重要的性能指标。根据 $\dfrac{I}{I_0} = \dfrac{1}{\sqrt{1 + Q^2\left(\dfrac{f}{f_0} - \dfrac{f_0}{f}\right)^2}}$ 可知，电流相对值 $\dfrac{I}{I_0}$ 随频率相对值变化的关系仅仅取决于电路的品质因数 Q。

由图 3-28 也可以看出，Q 值对谐振曲线尖锐程度的影响很大：当频率偏离谐振频率不多时，电流值也偏离谐振电流，Q 值越高，谐振曲线的顶部越尖锐，即电流衰减得越严重，说明 Q 值大的电路对不是谐振频率的其他频率的信号抑制能力很强，即信号的选频性能好；而 Q 值越小，谐振曲线的顶部越圆钝，即电流偏离谐振电流时衰减不多，说明电路对不是谐振频率的其他频率的信号抑制能力较差，电路的选频性能差。

而通频带则是指以电流衰减到谐振电流 I_0 的 0.707 倍为界限时的一段频率范围。显然 Q 值越高，谐振曲线越尖锐，电路的选择性越好，但电路的通频带会因此变窄，从而容易造成传输信号的失真；而 Q 值越低，谐振曲线越平滑，电路的选择性能将因此而变差，但通频带越宽，传输的信号越不容易失真。

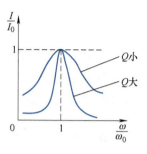

图 3-28　谐振曲线

【例 3.8】　已知 RLC 串联电路的品质因数 $Q=200$，当电路发生谐振时，L 和 C 上的电压值均大于电路的电源电压，这是否与基尔霍夫定律矛盾？

解： 由于品质因数高的缘故而使储能元件两端在串联谐振发生时出现过电压现象是谐振电路的特征之一，与基尔霍夫定律并无矛盾。因为根据基尔霍夫定律，L 和 C 两端的电压虽然很大，但它们大小相等、相位相反，达到完全补偿，而不需要电源电压再对它们提供能量，电源电压全部供给电路中的电阻 R，4 个电压绕串联谐振电路一周，其代数和仍然为零，显然符合基尔霍夫定律。

3. 并联谐振

在小损耗条件下，并联谐振电路的谐振频率与串联谐振电路的谐振频率计算公式相同。

并联电路的谐振特征有：电路呈高阻抗特性；由于电路呈高阻抗，因此端电压一定时，电路总电流最小；在 L 和 C 两支路中出现过电流现象，即 $I_{L0}=I_{C0}=QI$。

（1）能量交换平衡

当电路发生谐振时，说明具有 L 和 C 的电路中出现了电压、电流同相的特殊现象，电源和谐振电路之间没有电磁能量的交换，电路中的无功功率 $Q=0$。但储能元件 L 和 C 之间的能量交换始终在进行，而且任意时刻，两元件上的电能与磁能之和恒等于电能（或磁能）的最大值，这种情况称为元件之间的能量交换得到平衡。

（2）品质因数

讨论谐振电路的问题，单纯从 L 和 C 上的电压（或电流）有效值大小不足以说明谐振电路的性能好坏，因为，当电路参数确定之后，谐振时的电感电压（或电感支路的电流）、电容电压（或电容支路的电流）有效值与外加信号源电压（或电路总电流）的大小有关，外加信号源的电压（或供给电路的总电流）有效值越大，谐振时储能元件两端的电压（或支路电流）有效值相应增大，用谐振时储能元件两端电压（或支路电流）有效值与信号源电压（或总电流）有效值之比，可以表征一个谐振电路的性能，把这一比值称为谐振电路的品质因数，用 Q 表示。即

$$Q=\frac{U_{L0}}{U}=\frac{\omega_0 L}{R}$$

并联谐振电路中的品质因数 Q 值等于谐振时感抗 $\omega_0 L$ 与电路总电阻 R 的比值,注意和线圈上的品质因数 Q_L 值的区别,线圈的品质因数 Q_L 值是线圈的感抗 ωL 与线圈的铜耗电阻 R 之比值,其感抗 ωL 中的角频率 ω 理论上可以是任意频率下的值。谐振电路的品质因数 Q,可以用来反映谐振电路选择性能的好坏,Q 值越大,电路的选择性越好,反之则差。

(3)通频带

谐振电路的性能不仅可以由品质因数 Q 值来反映,还可以用通频带来反映。当实际信号作用在谐振电路时,要保持信号不产生幅度失真,需要求谐振电路对信号频带内的各频率分量的响应是一样的。电子技术中通常把电路电流 $I \geqslant 0.707 I_0$ 的一段频率范围称为谐振电路的通频带。电路通频带带宽 B 与谐振电路参数间的关系为

$$B = \frac{f_0}{Q}$$

显然品质因数高的电路通频带窄,工程实际中如何兼顾二者之间的关系,应具体情况具体分析。

【例 3.9】 RLC 并联谐振电路的两端并联一个负载电阻 R_L 时,是否会改变电路的 Q 值?

解:RLC 并联谐振电路的两端并联一个负载电阻 R_L 时,将改变电路的 Q 值。因为并联谐振电路的品质因数 $Q = \dfrac{\omega_0 L}{R}$,由于并联了一个电阻 R_L 后而变为:$Q = \dfrac{\omega_0 L}{R // R_L}$,显然 Q 值变大,选择性变好,品质变优。

4. 电压谐振和电流谐振

串联谐振电路适用于低内阻的信号源,因为信号源的内阻与谐振电路相串联,对电路的有载 Q 值影响很大;并联谐振电路适用于高内阻的信号源,其内阻与谐振电路相并联,内阻越大对电路的品质因数 Q 值影响越小。在小损耗条件下,并联谐振电路的条件基本上与串联谐振电路相同,其中品质因数和通频带的概念也是相同的。所不同的是,串联谐振电路呈低电阻特性,并联谐振电路呈高阻抗特性;串联谐振电路中在储能元件两端有过电压现象,因此称为电压谐振;而并联谐振电路在储能元件支路中出现过电流现象,因此也称为电流谐振。

实践任务书 3-3　单相交流并联电路电流和功率测试

1. 器材

(1)功率表　　　　　　　　　　一块
(2)40W 荧光灯　　　　　　　　一盏
(3)镇流器　　　　　　　　　　一个

2. 实践内容

本实验采用 40W 荧光灯电路作为实验对象。因为荧光灯电路中串联了一个镇流器,所以是个感性电路。它的功率因数($\cos\varphi$)较低,约为 0.6。这样低的功率因数是不利于节约用电的,为此必须提高其功率因数。提高功率因数的方法一般是在电路上并联一个电容。起先,当并联电容 C 值增加时,总电流减小,功率因数提高。当 C 达到某一数值

后，功率因数为1。以后若再增加 C 值，功率因数反而降低了，总电流将会增加。如用 $I=f(C)$ 曲线来表示，则如图3-29所示。

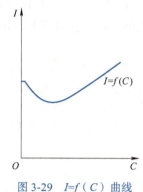

图3-29　$I=f(C)$ 曲线

1）按图3-30所示实验电路进行接线。

2）经检查无误后，合上电源开关Q，观察荧光灯是否工作正常，然后改变可变电容箱的电容值，从0增加到6μF。每当改变一次电容值，应分别测量总电路、电容支路和荧光灯支路中的电流、电压及功率，并将测量数据填入表3-2中。测量时应注意，当改变电容 C 时，总电路电流必有一个最小值，且此时的功率因数为最大（$\cos\varphi \approx 1$），这一数据必须记入表3-2中。

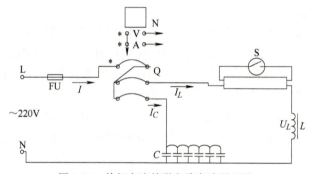

图3-30　单相交流并联电路实验原理图

表3-2　记录表

电容值	总电路				荧光灯支路			电容支路		
	U/V	I/mA	P/W	实测 $\cos\varphi$	U_L/V	I_L/mA	P_L/W	U_C/V	I_C/mA	P_C/W
开路										
2μF										
3μF										
4μF										
5μF										
6μF										

实践任务书 3-4　改善荧光灯电路功率因数

1. 器材清单（表 3-3）

表 3-3　器材清单

序号	名称	型号与规格	数量
1	交流电压表	0～500V	1块
2	交流电流表	0～5A	1块
3	功率表		1块
4	自耦调压器		1台
5	镇流器、辉光启动器	与40W灯管配用	各1个
6	荧光灯灯管	40W	1个
7	电容	1μF，2.2μF，4.7μF/450V	各1个
8	白炽灯及灯座	220V，15W	1～3个
9	电流插座		3个

2. 实践内容

在单相正弦交流电路中，用交流电流表测得各支路的电流值，用交流电压表测得电路各元件两端的电压值，它们之间的关系满足相量形式的基尔霍夫定律，即 $\Sigma \dot{I}=0$ 和 $\Sigma \dot{U}=0$。图 3-31 所示的 RC 串联电路，在正弦稳态信号 $\dot{U}$ 的励磁下，$\dot{U}_R$ 与 $\dot{U}_C$ 保持 90° 的相位差，即当 R 阻值改变时，$\dot{U}_R$ 的相量轨迹是一个半圆。$\dot{U}$、$\dot{U}_C$ 与 $\dot{U}_R$ 三者形成一个电压直角三角形，如图 3-32 所示。R 值改变时，可改变 φ 的大小，从而达到移相的目的。

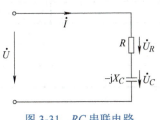

图 3-31　RC 串联电路

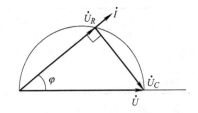

图 3-32　电压直角三角形

荧光灯电路如图 3-33 所示，图中 A 是荧光灯管，L 是镇流器，S 是辉光启动器，C 是补偿电容，用以改善电路的功率因数（$\cos\varphi$ 值）。

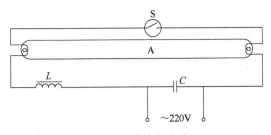

图 3-33　荧光灯电路

1）按图 3-31 接线。R 为 220V、15W 的白炽灯泡，电容参数为 4.7μF/450V。经指导教师检查后，接通实验台电源，将自耦调压器输出（即 U）调至 220V。在表 3-4 中记录 U、U_R、U_C 值，验证电压三角形关系。

表 3-4　记录表一

测量值			计算值		
U/V	U_R/V	U_C/V	U'（与 U_R、U_C 组成直角三角形）$U' = \sqrt{U_R^2 + U_C^2}$	$\Delta U = U' - U$/V	$\Delta U/U$（%）

2）荧光灯电路接线与测量。

按图 3-34 接线，经检查后接通实验台电源，调节自耦调压器的输出，使其输出电压缓慢增大，直到荧光灯刚启辉点亮为止，记下电压表、电流表、功率表三表的指示值（表 3-5）。然后将电压调至 220V，测量功率 P、电流 I、电压 U、U_L、U_A 等值，验证电压、电流相量关系。

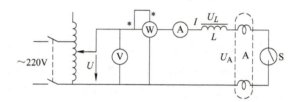

图 3-34　荧光灯电路

表 3-5　记录表二

测量数值						计算值	
P/W	$\cos\varphi$	I/mA	U/V	U_L/V	U_A/V	r/Ω	$\cos\varphi$
启辉值							
正常工作值							

注：r 表示电感的内阻，图 3-34 中未画出。

3）并联电路——电路功率因数的改善。按图 3-35 组成实验电路。

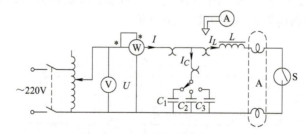

图 3-35　电路功率因数的改善

经检查后，接通实验台电源，将自耦调压器的输出调至 220V，记录功率表、电压表读数。通过一块电流表和三个电流插座分别测得三条支路的电流，改变电容值，进行三次重复测量。数据记入表3-6中。

表 3-6 记录表三

电容值 /μF	测量数值						计算值	
	P/W	cosφ	U/V	I/mA	I_L/mA	I_C/mA	I′/A	cosφ
0								
1								
2.2								
4.7								

思考与练习

3.1 把下列正弦量的时间函数用相量表示：
(1) $u=10\sqrt{2}\sin 314t$ V (2) $i=-5\sin(314t-60°)$ A

3.2 已知工频正弦电压 u_{ab} 的最大值为311V，初相位为 $-60°$，其有效值为多少？写出其瞬时值表达式；当 $t=0.0025$s 时，U_{ab} 的值为多少？

3.3 用下列各式表示 RC 串联电路中的电压、电流，哪些是对的？哪些是错的？

(1) $i=\dfrac{u}{|Z|}$ (2) $I=\dfrac{U}{R+X_C}$ (3) $\dot{I}=\dfrac{\dot{U}}{R-j\omega C}$ (4) $I=\dfrac{U}{|Z|}$

(5) $U=U_R+U_C$ (6) $\dot{U}=\dot{U}_R+\dot{U}_C$ (7) $\dot{I}=-j\dfrac{\dot{U}}{\omega C}$ (8) $\dot{I}=j\dfrac{\dot{U}}{\omega C}$

3.4 图 3-36 中，$u_1=40$V，$u_2=30$V，$i=10\sin 314t$ A，则 u 为多少？并写出其瞬时值表达式。

3.5 图 3-37 所示电路中，已知 $u=100\sin(314t+30°)$V，$i=22.36\sin(314t+19.7°)$A，$i_2=10\sin(314t+83.13°)$A，试求：i_1、Z_1、Z_2 并说明 Z_1、Z_2 的性质，绘出相量图。

3.6 图 3-38 所示电路中，$X_C=X_L=R$，并已知电流表 A_1 的读数为3A，试问 A_2 和 A_3 的读数为多少？

图 3-36 题 3.4 图　　　　　　图 3-37 题 3.5 图

3.7 有一 R、L、C 串联的交流电路，已知 $R=X_L=X_C=10\Omega$，$I=1$A，试求电压 U、U_R、U_L、U_C 和电路总阻抗 $|Z|$。

3.8 电路如图 3-39 所示，已知 $\omega=2$rad/s，求电路的总阻抗 Z_{ab}。

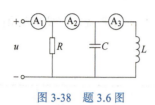

图 3-38 题 3.6 图

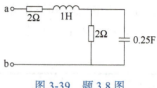

图 3-39 题 3.8 图

3.9 电路如图 3-40 所示，已知 $R=20\Omega$，$\dot{I}_R=10\angle 0°$ A，$X_L=10\Omega$，$\dot{U}_1$ 的有效值为 200V，求 X_C。

3.10 图 3-41 所示电路中，$u_S=10\sin314t$V，$R_1=2\Omega$，$R_2=1\Omega$，$L=637$mH，$C=637\mu$F，求电流 i_1、i_2 和电压 u_C。

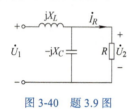

图 3-40 题 3.9 图

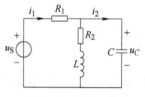

图 3-41 题 3.10 图

3.11 图 3-42 所示电路中，已知电源电压 $U=12$V，$\omega=2000$rad/s，求电流 I、I_1。

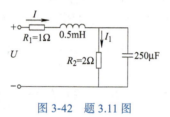

图 3-42 题 3.11 图

3.12 图 3-43 所示电路中，已知 $R_1=40\Omega$，$X_L=30\Omega$，$R_2=60\Omega$，$X_C=60\Omega$，接至 220V 的电源上，试求各支路电流及总的有功功率、无功功率和功率因数。

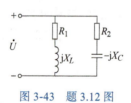

图 3-43 题 3.12 图

3.13 图 3-44 所示电路中，求：(1) AB 间的等效阻抗 Z_{AB}；(2) 电压相量 $\dot{U}_{AF}$ 和 $\dot{U}_{DF}$；(3) 整个电路的有功功率和无功功率。

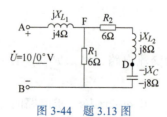

图 3-44 题 3.13 图

3.14　有一个 40W 的荧光灯，使用时灯管与镇流器（可近似把镇流器看作纯电感）串联在电压为 220V、频率为 50Hz 的电源上。已知灯管工作时属于纯电阻负载，灯管两端的电压等于 110V，试求镇流器上的感抗和电感。这时电路的功率因数等于多少？若将功率因数提高到 0.8，问应并联多大的电容？

3.15　一个负载的工频电压为 220V，功率为 10kW，功率因数为 0.6，欲将功率因数提高到 0.9，试求所需并联的电容。

项目 4　三相电源与负载的连接

项目导读

三相交流电动势是由三相交流发电机产生的,发电机是利用电磁感应原理将机械能转变为电能的装置。三相电源有三角形联结和星形联结两种。类似的,三相负载也有两种,究竟采用哪种接法,要根据电源电压、负载的额定电压和负载的特点而定。在三相电路中,无论负载的连接方式是哪一种,负载是对称还是不对称,三相电路总的有功功率等于各相负载的有功功率之和。

❖ **知识目标:**
掌握三相四线制电路中电源的连接方式;
掌握三相负载的连接方式;
理解中性线的作用;
了解不对称三相负载电路的计算。

❖ **能力目标:**
能正确连接三相负载;
能正确测量三相电路的电量参数;
能正确安装三相电路功率表;
会辨别三相对称与不对称电路。

❖ **素养目标:**
理解、践行工匠精神;
增强工程素养和工程意识;
厚植爱国情怀、增强民族自信。

任务 4.1　三相交流电源及其负载连接

4.1.1　三相电源

三相电源是具有三个频率相同、幅值相等但相位不同的电动势的电源,用三相电源供电的电路就称为三相电路。

1. 对称三相电源

在电力工业中,三相电路中的电源通常是三相发电机,由它可以获得三个频率相同、幅值相等、相位互差 120° 的电动势,这样的发电机称为对称三相电源。图 4-1 是三相同步发电机的原理图。

三相发电机中转子上的励磁线圈 MN 内通有直流电流，使转子成为一个电磁铁。在定子内侧面、空间相隔 120° 的槽内装有三个完全相同的线圈 A-X、B-Y、C-Z。转子与定子间磁场被设计成正弦分布。当转子以角速度 ω 转动时，三个线圈中便感应出频率相同、幅值相等、相位互差 120° 的三个电动势。有这样的三个电动势的发电机便构成一对称三相电源。

对称三相电源的瞬时值表达式（以 u_A 为参考正弦量）为

$$\left.\begin{array}{l} u_A = \sqrt{2}U\sin(\omega t) \\ u_B = \sqrt{2}U\sin(\omega t - 120°) \\ u_C = \sqrt{2}U\sin(\omega t + 120°) \end{array}\right\} \quad (4\text{-}1)$$

三相发电机中三个线圈的首端分别用 A、B、C 表示；尾端分别用 X、Y、Z 表示。三相电压的参考方向为首端指向尾端。对称三相电源的电路符号如图 4-2 所示。

它们的相量形式为

$$\left.\begin{array}{l} \dot{U}_A = U\angle 0° \\ \dot{U}_B = U\angle -120° \\ \dot{U}_C = U\angle +120° \end{array}\right\} \quad (4\text{-}2)$$

对称三相电压的波形图和相量图如图 4-3 和图 4-4 所示。

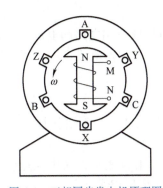

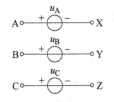

图 4-1　三相同步发电机原理图　　　图 4-2　对称三相电源

对称三相电压三个电压的瞬时值之和为零，即

$$u_A + u_B + u_C = 0 \quad (4\text{-}3)$$

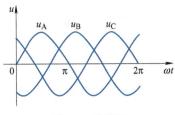

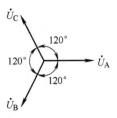

图 4-3　波形图　　　　　　　　　　图 4-4　相量图

三个电压的相量之和亦为零,即

$$\dot{U}_A + \dot{U}_B + \dot{U}_C = 0 \qquad (4\text{-}4)$$

这是对称三相电源的重要特点。

通常三相发电机产生的都是对称三相电源。本书今后若无特殊说明,提到的三相电源均为对称三相电源。

2. 相序

三相电源中每一相电压经过同一值(如正的最大值)的先后次序称为相序。从图 4-3 可以看出,其三相电压到达最大值的次序依次为 u_A、u_B、u_C,其相序为 A–B–C–A,称为顺序或正序。若将发电机转子反转,则

$$u_A = \sqrt{2}U\sin\omega t$$

$$u_C = \sqrt{2}U\sin(\omega t - 120°)$$

$$u_B = \sqrt{2}U\sin(\omega t + 120°)$$

则相序为 A–C–B–A,称为逆序或负序。

工程上常用的相序是顺序,如果不加以说明,都是指顺序。工业上通常在交流发电机的三相引出线及配电装置的三相母线上,涂有黄、绿、红三种颜色,分别表示 A、B、C 三相。

4.1.2 三相电源的连接

将三相电源的三个绕组以一定的方式连接起来,就构成三相电路的电源。通常的连接方式是星形(也称Y)联结和三角形(也称△)联结。对三相发电机来说,通常采用星形联结。

1. 三相电源的星形联结

将对称三相电源的尾端 X、Y、Z 连在一起,首端 A、B、C 引出作输出线,这种连接称为三相电源的星形联结,如图 4-5 所示。

连接在一起的 X、Y、Z 点称为三相电源的中性点,用 N 表示,从中性点引出的线称为中性线。三个电源首端 A、B、C 引出的线称为端线(俗称相线)。

电源每相绕组两端的电压称为电源的相电压,电源相电压用符号 u_A、u_B、u_C 表示;而端线之间的电压称为线电压,用 u_{AB}、u_{BC}、u_{CA} 表示。规定线电压的方向是由 A 线指向 B 线,B 线指向 C 线,C 线指向 A 线。下面分析星形联结时对称三相电源线电压与相电压的关系。

根据图 4-5,由 KVL 可得,三相电源的线电压与相电压有以下关系:

$$
\begin{aligned}
u_{AB} &= u_A - u_B \\
u_{BC} &= u_B - u_C \\
u_{CA} &= u_C - u_A
\end{aligned}
\qquad (4\text{-}5)
$$

假设 $\dot{U}_A = U\underline{/0°}$,$\dot{U}_B = U\underline{/-120°}$,$\dot{U}_C = U\underline{/120°}$

则相量形式为

$$\dot{U}_{AB} = \dot{U}_A - \dot{U}_B = \sqrt{3}U\angle 30° = \sqrt{3}\dot{U}_A\angle 30°$$

$$\dot{U}_{BC} = \dot{U}_B - \dot{U}_C = \sqrt{3}U\angle -90° = \sqrt{3}\dot{U}_B\angle 30° \quad (4\text{-}6)$$

$$\dot{U}_{CA} = \dot{U}_C - \dot{U}_A = \sqrt{3}U\angle 150° = \sqrt{3}\dot{U}_C\angle 30°$$

由式（4-6）看出，星形联结的对称三相电源的线电压也是对称的。线电压的有效值（U_l）是相电压有效值（U_p）的 $\sqrt{3}$ 倍，即 $U_l = \sqrt{3}U_p$；式中各线电压的相位超前于相应的相电压 30°。其相量图如图 4-6 所示。

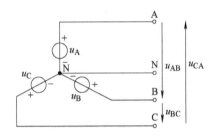

图 4-5 星形联结的三相电源

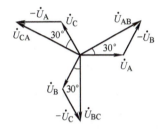

图 4-6 星形联结的相量图

三相电源星形联结的供电方式有两种，一种是三相四线制（三条端线和一条中性线），另一种是三相三线制，即无中性线。目前电力网的低压供电系统（又称民用电）为三相四线制，此系统供电的线电压为 380V，相电压为 220V，通常写作电源电压 380 / 220V。

2. 三相电源的三角形联结

将对称三相电源中的三个单相电源首尾相接，由三个连接点引出三条端线就形成三角形联结的对称三相电源，如图 4-7 所示。

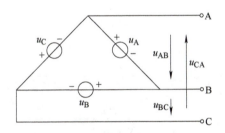

图 4-7 三角形联结的三相电源

对称三相电源三角形联结时，只有三条端线，没有中性线，它一定是三相三线制。在图 4-7 中可以明显地看出，线电压就是相应的相电压，即

$$\begin{array}{ll} u_{AB} = u_A & \dot{U}_{AB} = \dot{U}_A \\ u_{BC} = u_B \text{ 或 } & \dot{U}_{BC} = \dot{U}_B \\ u_{CA} = u_C & \dot{U}_{CA} = \dot{U}_C \end{array}$$

上式说明，三角形联结的对称三相电源线电压等于相应的相电压。

三相电源三角形联结时，形成一个闭合回路。由于对称三相电源 $\dot{U}_A + \dot{U}_B + \dot{U}_C = 0$，所以回路中不会有电流。但若有一相电源极性接反，造成三相电源电压之和不为零，将会在回路中产生很大的电流。所以三相电源作为三角形联结时，连接前必须检查。

4.1.3 对称三相电路

组成三相交流电路的每一相电路是单相交流电路。整个三相交流电路则是由三个单相交流电路所组成的复杂电路，它的分析方法是以单相交流电路的分析方法为基础的。

对称三相电路是由对称三相电源和对称三相负载连接组成。一般电源均为对称电源，因此只要负载是对称三相负载，则该电路为对称三相电路。所谓对称三相负载是指三相负载的三个复阻抗相同。三相负载一般也接成星形或三角形，如图4-8所示。

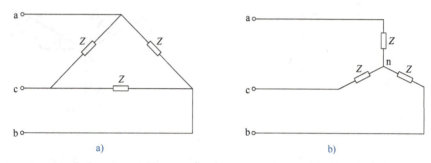

图4-8 对称三相负载的连接

a) 负载的三角形联结 b) 负载的星形联结

1. 负载丫联结的对称三相电路

图4-9中，三相电源作星形（丫）联结。三相负载也作星形联结，且有中性线。这种连接称为丫—丫联结的三相四线制。

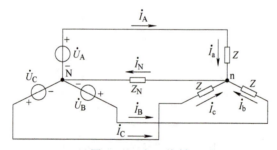

图4-9 三相四线制

设每相负载阻抗均为$Z=|Z|\underline{/\varphi}$。N为电源中性点，n为负载的中性点，Nn为中性线。设中性线的阻抗为Z_N。每相负载上的电压称为负载相电压，用$\dot{U}_{an}$、$\dot{U}_{bn}$、$\dot{U}_{cn}$表示；负载端线之间的电压称为负载的线电压，用$\dot{U}_{ab}$、$\dot{U}_{bc}$、$\dot{U}_{ca}$表示。各相负载中的电流称为相电流，用$\dot{I}_a$、$\dot{I}_b$、$\dot{I}_c$表示；相线中的电流称为线电流，用$\dot{I}_A$、$\dot{I}_B$、$\dot{I}_C$表示。线电流的参考方向从电源端指向负载端，中性线电流$\dot{I}_N$的参考方向从负载端指向电源端。对于负载丫联结的电路，线电流$\dot{I}_A$就是相电流$\dot{I}_a$。

三相电路实际上是一个复杂正弦交流电路，采用节点法分析此电路可得

$$\dot{U}_{nN} = 0$$

结论是负载中性点与电源中性点等电位，它与中性线阻抗的大小无关。由此可得

$$\begin{cases} \dot{U}_{an} = \dot{U}_A \\ \dot{U}_{bn} = \dot{U}_B \\ \dot{U}_{cn} = \dot{U}_C \end{cases} \quad (4\text{-}7)$$

式（4-7）表明：负载相电压等于电源相电压（在忽略输电线阻抗时），即负载三相电压也为对称三相电压。若以 $\dot{U}_A$ 为参考相量，则线电流为

$$\dot{I}_A = \frac{\dot{U}_{an}}{Z} = \frac{\dot{U}_A}{Z} = \frac{U_p}{|Z|} \angle -\varphi$$

$$\dot{I}_B = \frac{\dot{U}_{bn}}{Z} = \frac{\dot{U}_B}{Z} = \frac{U_p}{|Z|} \angle -\varphi -120° \quad (4\text{-}8)$$

$$\dot{I}_C = \frac{\dot{U}_{cn}}{Z} = \frac{\dot{U}_C}{Z} = \frac{U_p}{|Z|} \angle -\varphi +120°$$

由式（4-8）可见，三相电流也是对称的。因此，对称Y—Y联结电路有中性线时的计算步骤可归结为：

1）先进行一个相的计算（如 A 相），首先根据电源找到该相的相电压，算出 $\dot{I}_A$。

2）根据对称性，推知其他两相电流 $\dot{I}_B$、$\dot{I}_C$。

3）根据三相电流对称，中性线电流 $\dot{I}_N = \dot{I}_A + \dot{I}_B + \dot{I}_C = 0$。

若对称Y—Y联结电路中无中性线，即 $Z_N = \infty$ 时，由节点法分析可知，$\dot{U}_{nN} = 0$，即负载中性点与电源中性点仍然等电位，此时相当于三相四线制。即每相电路看成是独立的，计算时采用上述三相四线制的计算方法。可见，对称Y—Y联结的电路，无论有无中性线以及中性线阻抗的大小如何，都不会影响各相负载的电流和电压。

由于 $\dot{U}_{nN} = 0$，所以负载的线电压与相电压的关系与电源的线电压与相电压的关系相同。

$$\left.\begin{matrix}\dot{U}_{ab} = \sqrt{3}\dot{U}_{an} \angle 30° \\ \dot{U}_{bc} = \sqrt{3}\dot{U}_{bn} \angle 30° \\ \dot{U}_{ca} = \sqrt{3}\dot{U}_{cn} \angle 30°\end{matrix}\right\} \quad (4\text{-}9)$$

即

$$U'_l = \sqrt{3} U'_p \quad (4\text{-}10)$$

式中，U'_l、U'_p 分别为负载的线电压和相电压。

当忽略输电线阻抗时，$U'_l = U_l$，$U'_p = U_p$。

综上所述可知，负载星形联结的对称三相电路其负载电压、电流有以下特点：

1) 线电压、相电压，线电流、相电流都是对称的。
2) 线电流等于相电流。
3) 线电压等于 $\sqrt{3}$ 倍的相电压。

【例 4.1】 某对称三相电路，负载为Y形联结，三相三线制，其电源线电压为 380V，每相负载阻抗 $Z=8+j6\Omega$，忽略输电线路阻抗。求负载每相电流，画出负载电压和电流相量图。

解：已知 $U_l =380V$，负载为Y联结，其电源无论是Y联结还是△联结，都可用等效的Y联结的三相电源进行分析。

电源相电压 $U_p = \dfrac{380}{\sqrt{3}} V = 220V$

设　　$\dot{U}_A = 220 \underline{/0°}$ V

则　　$\dot{I}_A = \dfrac{\dot{U}_A}{Z} = \dfrac{220\underline{/0°}}{8+j6} A = 22 \underline{/-36.9°}$ A

根据对称性可得

$\dot{I}_B = 22 \underline{/-36.9°-120°} A = 22 \underline{/-156.9°}$ A

$\dot{I}_C = 22 \underline{/-36.9°+120°} A = 22 \underline{/83.1°}$ A

相量图如图 4-10 所示。

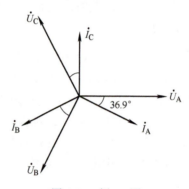

图 4-10　例 4.1 图

【例 4.2】 如图 4-11 所示为一对称三相电路，对称三相电源的线电压为 380V，每相负载的阻抗 $Z=80\underline{/30°}$ Ω，输电线阻抗 $Z_l=1+j2\Omega$，求三相负载的相电压、线电压、相电流。

解：电源相电压 $U_p = \dfrac{380}{\sqrt{3}} V = 220V$

设　　$\dot{U}_A = 220 \underline{/0°}$ V

则　　$\dot{I}_A = \dfrac{\dot{U}_A}{Z+Z_l} = \dfrac{220\underline{/0°}}{80\underline{/30°}+1+j2} A = \dfrac{220\underline{/0°}}{81.9\underline{/30.9°}} A$

　　　　$= 2.69 \underline{/-30.9°}$ A

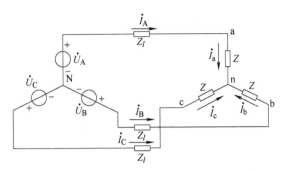

图 4-11　例 4.2 图

由对称性得　　$\dot{I}_B = 2.69\angle{-150.9°}$ A　　$\dot{I}_C = 2.69\angle{89.1°}$ A

三相负载的相电压

$$\dot{U}_{an} = Z\dot{I}_A = 80\angle{30°} \times 2.69\angle{-30.9°} \text{ V}$$

$$= 215.2\angle{-0.9°} \text{ V}$$

$$\dot{U}_{bn} = 215.2\angle{-120.9°} \text{ V}$$

$$\dot{U}_{cn} = 215.2\angle{119.1°} \text{ V}$$

三相负载的线电压　　$\dot{U}_{ab} = \sqrt{3}\dot{U}_{an}\angle{30°}$ V $= 372.7\angle{29.1°}$ V

$$\dot{U}_{bc} = 372.7\angle{-90.9°} \text{ V}$$

$$\dot{U}_{ca} = 372.7\angle{149.1°} \text{ V}$$

由于输电线路阻抗的存在，负载的相电压、线电压与电源的相电压、线电压不相等，但仍是对称的。

2. 负载△联结的对称三相电路

负载作三角形（△）联结，如图 4-12 所示。由图可以看出，与负载相连的三个电源一定是线电压，不管电源是星形联结还是三角形联结。

设 $Z = |Z|\angle{\varphi}$，三相负载相同，其负载线电流为 $\dot{I}_A$、$\dot{I}_B$、$\dot{I}_C$，相电流为 $\dot{I}_{ab}$、$\dot{I}_{bc}$、$\dot{I}_{ca}$。

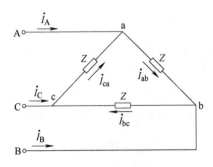

图 4-12　负载三角形联结的对称三相电路

设 $\dot{U}_{AB} = U_l \angle 0°$ V，当忽略输电线阻抗时，负载线电压等于电源线电压。负载的相电流为

$$\dot{I}_{ab} = \frac{\dot{U}_{ab}}{Z} = \frac{\dot{U}_{AB}}{Z} = \frac{U_l}{|Z|}\angle -\varphi$$

$$\dot{I}_{bc} = \frac{\dot{U}_{bc}}{Z} = \frac{\dot{U}_{BC}}{Z} = \frac{U_l}{|Z|}\angle -\varphi-120° \quad (4-11)$$

$$\dot{I}_{ab} = \frac{\dot{U}_{ca}}{Z} = \frac{\dot{U}_{CA}}{Z} = \frac{U_l}{|Z|}\angle -\varphi+120°$$

线电流为

$$\dot{I}_A = \dot{I}_{ab} - \dot{I}_{ca} = \sqrt{3}\dot{I}_{ab}\angle -30°$$

$$\dot{I}_B = \dot{I}_{bc} - \dot{I}_{ab} = \sqrt{3}\dot{I}_{bc}\angle -30° \quad (4-12)$$

$$\dot{I}_C = \dot{I}_{ca} - \dot{I}_{bc} = \sqrt{3}\dot{I}_{ca}\angle -30°$$

综上所述可知：负载△联结的对称三相电路，其负载电压、电流有以下特点：

1）相电压、线电压，相电流、线电流均对称。
2）每相负载上的线电压等于相电压。
3）线电流大小的有效值等于相电流有效值的$\sqrt{3}$倍。即$I_l = \sqrt{3}I_p$，且线电流滞后相应的相电流30°。电压、电流相量图如图4-13所示。

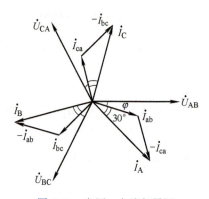

图4-13 电压、电流相量图

【例4.3】 已知负载△联结的对称三相电路，电源为丫联结，其相电压为110V，负载每相阻抗$Z=4+j3\Omega$。求负载的相电压和线电流。

解： 电源线电压

$$U_l = \sqrt{3}U_p = \sqrt{3}\times 110\text{V} = 190\text{V}$$

设

$$\dot{U}_{AB} = 190\angle 0° \text{ V}$$

则相电流

$$\dot{I}_{ab} = \frac{\dot{U}_{AB}}{Z} = \frac{190\angle 0°}{4+j3}\text{A} = 38\angle -36.9° \text{ A}$$

根据对称性得
$$\dot{I}_{bc} = 38\angle{-156.9°} \text{ A}$$
$$\dot{I}_{ca} = 38\angle{83.1°} \text{ A}$$

线电流
$$\dot{I}_A = \sqrt{3}\dot{I}_{ab}\angle{-30°}$$
$$= \sqrt{3} \times 38\angle{-36.9°-30°} \text{ A} = 66\angle{-66.9°} \text{ A}$$
$$\dot{I}_B = 66\angle{-186.9°} \text{ A} = 66\angle{173.1°} \text{ A}$$
$$\dot{I}_C = 66\angle{53.1°} \text{ A}$$

负载三角形联结的电路，还可以利用阻抗的丫—△等效变换，将负载变换为星形联结，再按丫—丫联结的电路进行计算。

【**例 4.4**】 设有一对称三相电路如图 4-14a 所示，对称三相电源相电压 $\dot{U}_A = 220\angle{0°}$ V。每相负载阻抗 $Z=90\angle{30°}$ Ω，线路阻抗 $Z_l=1+\text{j}2$ Ω，求负载的相电压、相电流和线电流。

解： 将△联结的对称三相负载变换成丫联结的对称三相负载。取变换后的电路中的一相等效电路，如图 4-14b 所示。

线电流 $\dot{I}_A = \dfrac{\dot{U}_A}{Z_l + Z/3} = \dfrac{220\angle{0°}}{1+\text{j}2+30\angle{30°}} \text{ A} = \dfrac{220\angle{0°}}{31.9\angle{32.2°}} \text{ A} = 6.9\angle{-32.2°}$ A

负载相电流 $\dot{I}_{ab} = \dfrac{1}{\sqrt{3}}\dot{I}_A\angle{30°} = \dfrac{1}{\sqrt{3}} \times 6.9\angle{-32.2°}$ A $= 3.89\angle{-2.2°}$ A

△联结负载的相电压等于负载线电压，根据图 4-14a 可得
$$\dot{U}_{ab} = Z\dot{I}_{ab} = 90\angle{30°} \times 3.89\angle{-2.2°} \text{ A} = 358.2\angle{27.8°} \text{ A}$$

根据对称性可得其他两相的相电压、相电流和线电流。

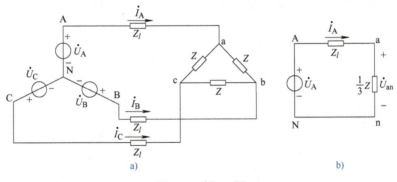

图 4-14 例 4.4 图

4.1.4 不对称三相电路

在三相电路中，电源和负载只要有一个不对称，则三相电路就不对称。一般来说，三相电源总可以认为是对称的。不对称主要是指负载不对称。日常照明电路就属于这种。

图 4-15 所示三相四线制电路中，负载不对称，假设中性线阻抗为零，则每相负载上的电压一定等于该相电源的相电压，而三相电流由于负载阻抗不同而不对称。

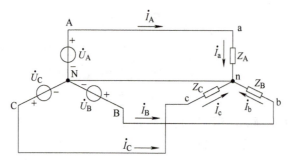

图 4-15　Y—Y 联结的不对称三相电路

即负载相电压对称为

$$\dot{U}_{an} = \dot{U}_A, \quad \dot{U}_{bn} = \dot{U}_B, \quad \dot{U}_{cn} = \dot{U}_C \tag{4-13}$$

负载相电流不对称为

$$\dot{I}_A = \frac{\dot{U}_{an}}{Z_A}, \quad \dot{I}_B = \frac{\dot{U}_{bn}}{Z_B}, \quad \dot{I}_C = \frac{\dot{U}_{cn}}{Z_C} \tag{4-14}$$

此时中性线电流

$$\dot{I}_N = \dot{I}_A + \dot{I}_B + \dot{I}_C \neq 0 \tag{4-15}$$

如将图 4-15 中的中性线去掉，形成三相三线制，如图 4-16 所示。根据节点电压法可知 $\dot{U}_{nN}$ 一般不等于零，即负载中性点 n 的电位与电源中性点 N 的电位不相等，发生了中性点位移，相量图如图 4-17 所示。由相量图可以看出，此时中性点位移标志着负载相电压 $\dot{U}_{an}$、$\dot{U}_{bn}$、$\dot{U}_{cn}$ 的不对称，而三相负载的电流也是不对称的。

$$\dot{I}_A = \frac{\dot{U}_{an}}{Z_A}, \quad \dot{I}_B = \frac{\dot{U}_{bn}}{Z_B}, \quad \dot{I}_C = \frac{\dot{U}_{cn}}{Z_C}$$

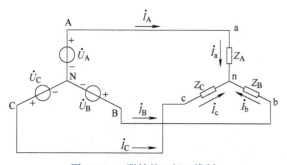

图 4-16　Y 联结的三相三线制

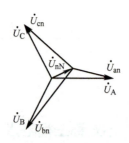

图 4-17　相量图

综上所述，在不对称三相电路中，如果有中性线，且输电线阻抗 $Z \approx 0$，则中性线可

迫使 $\dot{U}_{nN}=0$，尽管电路不对称，但可使负载相电压对称，以保证负载正常工作；若无中性线，则中性点位移，造成负载相电压不对称，从而可能使负载不能正常工作。可见，中性线作用至关重要，且不能断开。实际接线中，中性线的干线必须考虑有足够的机械强度，且不允许安装开关和熔丝。

【例 4.5】 电路如图 4-18 所示，每只灯泡的额定电压为 220V，额定功率为 100W，电源系 220/380V 电网，试求：

1）有中性线时（即三相四线制），各灯泡的亮度是否一样？
2）中性线断开时（即三相三线制），各灯泡能正常发光吗？

解： 1）有中性线时，尽管此时三相负载不对称，但是有中性线，加在各相灯泡上的电压均为 220V，各灯泡正常发光，亮度一样。

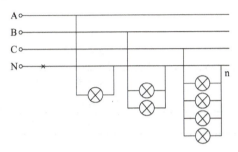

图 4-18 例 4.5 图

2）中性线断开时，由节点电压法得

$$\dot{U} = \frac{\dfrac{\dot{U}_A}{R_a}+\dfrac{\dot{U}_B}{R_b}+\dfrac{\dot{U}_C}{R_c}}{\dfrac{1}{R_a}+\dfrac{1}{R_b}+\dfrac{1}{R_c}}$$

每盏灯泡电阻为

$$R = \frac{U_P^2}{P} = \frac{220^2}{100}\Omega = 484\Omega$$

各相负载电阻为 $R_a = \dfrac{R}{4} = \dfrac{484}{4}\Omega = 121\Omega$

$$R_b = \frac{R}{2} = \frac{484}{2}\Omega = 242\Omega$$

$$R_c = R = 484\Omega$$

$$\dot{U} = \frac{\dfrac{220\underline{/0°}}{121}+\dfrac{220\underline{/-120°}}{242}+\dfrac{220\underline{/120°}}{484}}{\dfrac{1}{121}+\dfrac{1}{242}+\dfrac{1}{484}}\text{V}$$

$$=83.13\underline{/-19°}\text{ V}$$

各负载相电压为

$$\dot{U}_{an}=\dot{U}_A-\dot{U}_{nN}=220\underline{/0°}\text{ V}-83.13\underline{/-19°}\text{ V}=144\underline{/10.9°}\text{ V}$$

$$\dot{U}_{bn}=\dot{U}_B-\dot{U}_{nN}=220\underline{/-120°}\text{ V}-83.13\underline{/-19°}\text{ V}=249\underline{/139°}\text{ V}$$

$$\dot{U}_{cn}=\dot{U}_C-\dot{U}_{nN}=220\underline{/120°}\text{ V}-83.13\underline{/-19°}\text{ V}=288\underline{/130.9°}\text{ V}$$

通过计算可以看出，A 相灯泡上的电压只有 144V，发光不足，而 C 相灯泡上的电压远超过额定电压，很可能被烧坏。

实践任务书 4-1　三相交流电路电压、电流的测量

1. 器材（表 4-1）

表 4-1　器材清单

序号	名称	型号与规格	数量	备注
1	交流电压表	0～450V	1 块	
2	交流电流表	0～5A	1 块	
3	万用表		1 块	自备
4	三相自耦调压器		1 台	
5	三相灯组负载	220V，15W 白炽灯	9 盏	HE-17
6	电门插座		3 个	屏上

2. 实践内容

（1）三相负载星形联结（三相四线制供电）

按图 4-19 组接实验电路。即三相灯组负载经三相自耦调压器接通三相对称电源。将三相调压器的旋柄置于输出为 0V 的位置（即逆时针旋到底）。经检查合格后，方可开启实验台电源，然后调节调压器的输出，使输出的三相线电压为 220V，并按下述内容完成各项实验，分别测量三相负载的线电压、相电压、线电流、相电流、中性线电流、电源与负载中性点间的电压。将所测得的数据记入表 4-2 中，并观察各相灯组亮暗的变化程度，特别要注意观察中性线的作用。

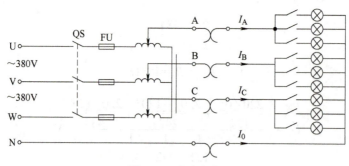

图 4-19　实验电路

表 4-2　测量数据一

实验内容 （负载情况）	开灯盏数			线电流 /A			线电压 /V			相电压 /V			中性线电流 I_0/A	中性点电压 U_{N0}/V
	A相	B相	C相	I_A	I_B	I_C	U_{AB}	U_{BC}	U_{CA}	U_{A0}	U_{B0}	U_{C0}		
Y₀接平衡负载	3	3	3											
Y接平衡负载	3	3	3											
Y₀接不平衡负载	1	2	3											
Y接不平衡负载	1	2	3											

（2）负载三角形联结（三相三线制供电）

按图 4-20 改接电路，经检查合格后接通三相电源，并调节调压器，使其输出线电压为 220V，并按表 4-3 的内容进行测试。

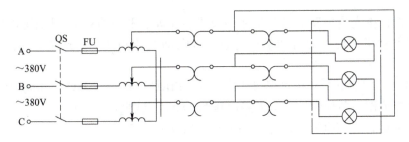

图 4-20　改接电路

表 4-3　测量数据二

负载情况	开灯盏数			线电压 = 相电压 /V			线电流 /A			相电流 /A		
	A–B 相	B–C 相	C–A 相	U_{AB}	U_{BC}	U_{CA}	I_A	I_B	I_C	I_{AB}	I_{BC}	I_{CA}
三相平衡	3	3	3									
三相不平衡	1	2	3									

任务 4.2　三相交流电路的功率

在三相电路中，三相负载的有功功率、无功功率分别等于每相负载上的有功功率、无功功率之和，即

$$P = P_A + P_B + P_C$$

$$Q = Q_A + Q_B + Q_C$$

三相负载对称时，各相负载吸收的功率相同，根据负载星形联结及三角形联结时线电压、相电压和线电流、相电流的关系，则三相负载的有功功率、无功功率分别表示为

$$P = 3P_A = 3U_p I_p \cos\varphi = \sqrt{3} U_l I_l \cos\varphi \tag{4-16}$$

$$Q = 3Q_A = 3U_p I_p \sin\varphi = \sqrt{3} U_l I_l \sin\varphi \tag{4-17}$$

式中，U_l, I_l 分别是负载的线电压和线电流；U_p, I_p 分别是负载的相电压和相电流；φ 是每相负载的阻抗角。

对称三相电路的视在功率和功率因数分别定义如下：

$$S = \sqrt{P^2 + Q^2} \tag{4-18}$$

$$\cos\varphi = \frac{P}{S} \tag{4-19}$$

根据对称三相负载的功率表达式关系，则

$$S = \sqrt{3} U_l I_l \tag{4-20}$$

对称三相正弦交流电路的瞬时功率经公式推导等于平均功率 P，是不随时间变化的常数。对三相电动机来说，瞬时功率恒定意味着电动机转动平稳，这是三相制的重要优点之一。

【例 4.6】 某三相异步电动机每相绕组的等值阻抗 $|Z|$ =27.74Ω，功率因数 $\cos\varphi$ =0.8，正常运行时绕组作三角形联结，电源线电压为 380V。试求：

（1）正常运行时相电流、线电流和电动机的输入功率；

（2）为了减小起动电流，在起动时改接成星形联结，试求此时的相电流、线电流及电动机输入功率。

解：（1）正常运行时，电动机作三角形联结

$$I_p = \frac{U_l}{|Z|} = \frac{380}{27.74} \text{A} = 13.7\text{A}$$

$$I_l = \sqrt{3} I_p = \sqrt{3} \times 13.7\text{A} = 23.7\text{A}$$

$$P = \sqrt{3} U_l I_l \cos\varphi = \sqrt{3} \times 380 \times 23.7 \times 0.8 \times 10^{-3} \text{kW} = 12.48\text{kW}$$

（2）起动时，电动机作星形联结

$$I_p = \frac{U_p}{|Z|} = \frac{380/\sqrt{3}}{27.74} \text{A} = 7.9\text{A}$$

$$I_l = I_p = 7.9\text{A}$$

$$P = \sqrt{3} U_l I_l \cos\varphi = \sqrt{3} \times 380 \times 7.9 \times 0.8 \times 10^{-3} \text{kW} = 4.16\text{kW}$$

从此例可以看出，同一个对称三相负载接于一个电路，当负载作△联结时的线电流是Y联结时线电流的 3 倍，作△联结时的功率也是作Y联结时功率的 3 倍。即

$$P_\triangle = 3P_Y \tag{4-21}$$

实践任务书 4-2　三相电路功率的测量

1. 器材（表 4-4）

表 4-4　器材清单

序号	名称	型号与规格	数量	备注
1	交流电压表	0～450V	2 块	
2	交流电流表	0～5A	2 块	
3	单相功率表		2 块	
4	万用表		1 块	自备
5	三相自耦调压器		1 台	
6	三相灯组负载	220V，15W，白炽灯	9 盏	HE-17
7	三相电容负载	1μF，2.2μF，4.7μF/500V	各 3 个	HE-20

2. 实践内容

1）用一瓦特表法测定三相对称以及不对称丫联结负载的总功率 ΣP。实验按图 4-21 接线。电路中的电流表和电压表用以监视该相的电流和电压，不要超过功率表电压和电流的量程。

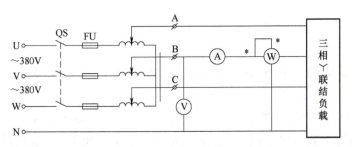

图 4-21　实验电路

经检查后，接通三相电源，调节调压器输出，使输出线电压为 220V，按表 4-5 的要求进行测量及计算。

表 4-5　测量数据一

负载情况	开灯盏数			测量数据			计算值
	A 相	B 相	C 相	P_A/W	P_B/W	P_C/W	ΣP/W
丫联结对称负载	3	3	3				
丫联结不对称负载	1	2	3				

首先将三块表按图 4-21 接入 B 相进行测量，然后分别将三块表换接到 A 相和 C 相，再进行测量。

2）用二瓦特表法测定三相负载的总功率

按图 4-22 接线，将三相灯组负载接成丫联结。经检查后，接通三相电源，调节调压器的输出线电压为 220V，按表 4-6 的内容进行测量。

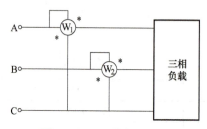

图 4-22　二瓦特表法测定

3）将三相灯组负载改成△联结，重复 1）的测量步骤，将测量数据记入表 4-6 中。

表 4-6　测量数据二

负载情况	开灯盏数			测量数据		计算值
	A 相	B 相	C 相	P_1/W	P_2/W	ΣP/W
丫联结平衡负载	3	3	3			
丫联结不平衡负载	1	2	3			
△联结不平衡负载	1	2	3			
△联结平衡负载	3	3	3			

思考与练习

4.1　星形联结的三相负载，每相的电阻 $R=6\Omega$，感抗 $X_L=8\Omega$，电源电压对称，$u_{uv}=\sqrt{2}U\cos(314t+30°)$，试求三相电流。

4.2　三相点连接情况如图 4-23 所示，电源电压对称，每相电压 $U_p=220V$，负载为电灯组，在额定电压下其电阻分别为 $R_u=8\Omega$，$R_v=15\Omega$，$R_w=30\Omega$，试求负载相电压、负载电流及中性线电流。电灯的额定电压为 220V。

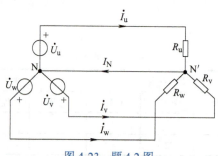

图 4-23　题 4.2 图

4.3　在题 4.2 中，如下两种情况下：(1) U 相短路时；(2) U 相短路而中性线又断开时。试求各相负载上的电压。

4.4 有一三相异步电动机，其绕组接成三角形，接在线电压 U_l=380 V 的电源上，从电源所取用的功率 P=11.43kW，功率因数为 0.87，试求电动机的相电流和线电流。

4.5 对称三相负载采用星形联结，已知每相负载 Z=30.8+j23.1Ω，电源的线电压为 380V。求三相功率 P、Q、S 和功率因数 $\cos\varphi$。

4.6 负载为三角形联结的对称三相电路，已知线电流 I_l=25.5A，有功功率 P=7760W。功率因数为 0.8。求电源的线电压、电路的视在功率和负载的每相阻抗。

4.7 三相四线制电路，电源电压为 380V，不对称星形联结负载各相阻抗分别为 Z_u=40Ω，Z_v=10Ω，Z_w=20Ω。试计算：

1) 中性线正常时，各相负载电压、电流和中性线电流。
2) 中性线断开时，各相负载电压、电流。

项目 5　电动机控制电路的装调

项目导读

电动机是把电能转换成机械能的一种设备，是利用通电线圈产生旋转磁场并作用于转子形成磁电动力旋转扭矩。电动机按使用电源不同分为直流电动机和交流电动机，电力系统中的电动机大部分是交流电动机，交流电动机可以是同步电动机或者是异步电动机。电动机基本控制电路的方法包括直接起动、双向起动、星三角减压起动、自耦变压器起动等多种起动控制方式。电动机控制电路的装调是电气从业人员基本的技能要求，包括识读电路所用低压电器及其选用依据、根据电路图或元件明细表配齐电气元件、检验低压电器、按工艺要求进行电气接线以及通电调试。

❖ 知识目标：
了解电动机的分类及工作原理；
了解常见低压电器的用途；
熟悉低压电器的分类及各自的工作原理；
熟练掌握点动、长动的工作原理。

❖ 能力目标：
能分辨电动机的绕组并进行有效连接；
能对各种低压电器进行选择与分类；
能利用低压电器进行电气电路的装接；
能使用万用表排除常见的电气故障。

❖ 素养目标：
培养精益求精的工匠精神；
善于使用所学电气技术解决生产实际问题；
培养严肃认真的工作作风。

任务 5.1　电动机工作原理

5.1.1　电动机分类

电动机（Motor）是把电能转换成机械能的一种设备。它是利用通电线圈（也就是定子绕组）产生旋转磁场并作用于转子（如笼型闭合铝框）形成磁电动力旋转扭矩。电动机按使用电源不同

电动机分类

分为直流电动机和交流电动机,电力系统中的电动机大部分是交流电动机,可以是同步电动机或者是异步电动机(电动机定子磁场转速与转子旋转转速不保持同步速)。

1. 直流电动机

直流电机就是实现直流电能和机械能互相转换的电机。当它作电动机运行时是直流电动机,将电能转换为机械能;作发电机运行时是直流发电机,将机械能转换为电能。

直流电动机由两个主要部分组成:静止部分称为定子,转动部分称为转子或电枢。如图 5-1 所示为直流电动机的剖面图,其构造的主要特点是具有一个带换向器的电枢。

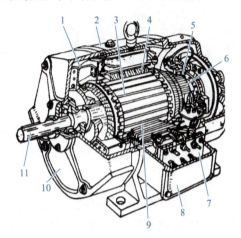

图 5-1 直流电动机的剖面图
1—风扇 2—机座 3—电枢 4—主磁极 5—刷架 6—换向器 7—接线板
8—出线盒 9—换向磁极 10—端盖 11—轴

直流电动机定子部分包括主磁极、换向磁极、电刷装置、机座、接线盒等,具体说明如下:

1)主磁极:是产生直流电动机气隙磁场的主要部件,由永磁体或带有直流励磁绕组的叠片铁心构成。

2)换向磁极(也称附加极):它的作用是减小电刷与换向器之间的火花,由铁心和换向磁极绕组组成。

3)电刷装置:电刷与换向器滑动接触,为转子绕组提供电枢电流。

4)机座:电动机的固定支撑底座,用来固定主磁极、换向磁极和端盖,一般由铸铁或铸钢制成。

5)接线盒:一般电动机的绕组都有两个引出线头,一头叫作首端,而另一头叫作末端,接线盒就是电动机绕组和电气控制电路进行动力交换的装置。

直流电动机转子部分包括电枢铁心、电枢绕组和换向器等,具体说明如下:

1)电枢铁心:电枢由电枢铁心和电枢绕组两部分组成。电枢铁心由硅钢片叠成,在其外圆处均匀分布着齿槽。

2)电枢绕组:电枢绕组则嵌置于这些齿槽中。

3)换向器:一种机械整流部件,由换向片叠成圆筒形后,以金属夹件或塑料成型为一个整体,各换向片间互相绝缘。换向器质量对运行可靠性有很大影响。换向器的作用是与电刷配合,将直流电动机槽导体中感应出的交流电变成直流电输出;或者将直流电动机输入的直流电转变为电枢槽导体中的交变电流,以保证转子朝一个方向旋转。

2. 交流电动机

以笼型三相交流异步电动机为例来介绍交流电动机,其结构主要是由定子和转子两大部分组成的,定子、转子之间是空气隙。此外,还有端盖、轴承、机座、风扇等部件,如图 5-2 所示。

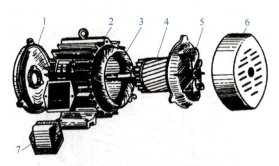

图 5-2 交流电动机的结构

1—端盖 2—定子 3—定子绕组 4—转子 5—风扇 6—风扇罩 7—接线盒盖

(1)定子铁心

定子铁心是磁路的一部分,为了降低铁心损耗,采用 0.5mm 厚的硅钢片(图 5-3a)叠压而成,硅钢片间彼此绝缘。铁心内圆周上分布有若干均匀的平行槽,用来嵌放定子绕组,如图 5-3b 所示。

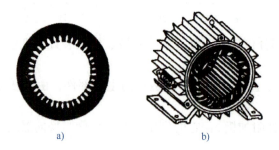

图 5-3 定子铁心

(2)机壳

机壳包括端盖和机座,其作用是支撑定子铁心和固定整个电动机。中小型电动机机座一般采用铸铁铸造,大型电动机机座用钢板焊接而成。端盖多用铸铁铸成,用螺栓固定在机座两端。

(3)定子绕组

定子绕组是电动机定子的电路部分,应用绝缘铜线或铝线绕制而成。三相绕组对称地嵌放在定子槽内。三相异步电动机定子绕组的三个首端 U_1、V_1、W_1 和三个末端 U_2、V_2、W_2,都从机座上的接线盒中引出。图 5-4a 为定子绕组的星形接法;图 5-4b 为定子绕组的三角形接法。三相绕组具体应该采用何种接法,应视电力网的线电压和各相绕组的工作电压而定。目前我国生产的三相异步电动机,功率在 4 kW 以下者一般采用星形接法;功率在 4kW 以上者采用三角形接法。

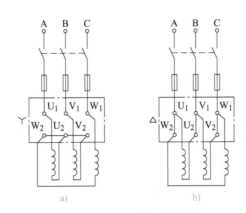

图 5-4　三相定子绕组的接法

（4）转子

转子主要用来产生旋转力矩，拖动生产机械旋转。转子由转轴、转子铁心、转子绕组构成。转轴用来固定转子铁心和传递功率，一般用中碳钢制成。转子铁心也属于磁路的一部分，也用 0.5mm 的硅钢片叠压而成（图 5-5）。转子铁心固定在转轴上，其外圆均匀分布的槽是用来放置转子绕组的。

笼型转子是由安放在转子铁心槽内的裸导体和两端的短路环连接而成的。转子绕组就像一个鼠笼形状（图 5-6a），故称其为笼型转子。目前，100kW 以下的笼型电动机一般采用铸铝绕组。这种转子是将熔化了的铝液直接浇注在转子槽内，并连同两端的短路环和风扇浇注在一起，该笼型转子也称为铸铝转子，如图 5-6b 所示。

图 5-5　转子的硅钢片

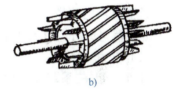

图 5-6　笼型转子和铸铝转子

5.1.2　变压器及其使用

变压器是利用电磁感应原理来改变交流电压的装置，主要构件是一次绕组、二次绕组和铁心（磁心）。在电气设备和无线电路中，常用作升降电压、匹配阻抗、安全隔离等。在发电机中，不管是线圈运动通过磁场或磁场运动通过固定线圈，均能在线圈中感应电动势。此两种情况，磁通的值均不变，但与线圈相交链的磁通数量却有变动，这是互感应的原理。变压器就是一种利用电磁互感应变换电压、电流和阻抗的器件。

1. 变压器的组成

变压器组成部件包括器身（铁心、绕组、绝缘、引线）、变压器油、油箱和冷却装置、调压装置、保护装置（吸湿器、安全气道、气体继电器、储油柜及测温装置等）和出线套管。主要组成部件及功能如下：

(1) 铁心

铁心是变压器中主要的磁路部分。通常由含硅量较高、表面涂有绝缘漆的热轧或冷轧硅钢片叠装而成，厚度有 0.35mm、0.3mm、0.27mm 等尺寸规格。铁心分为铁心柱和横片两部分，铁心柱套有绕组；横片是闭合磁路之用。

(2) 绕组

绕组是变压器的电路部分，它是用双丝包绝缘扁线或漆包圆线绕成。变压器的基本原理是电磁感应原理，现以单相双绕组变压器为例说明其基本工作原理（图 5-7）：当一次绕组上加上电压 U_1 时，流过电流 I_1，在铁心中就产生交变磁通 Φ_1，该磁通称为主磁通，在它的作用下，二次绕组分别感应电动势，最后带动电气负载工作。

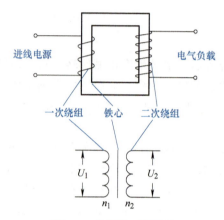

图 5-7　变压器工作原理

2. 变压器的分类

变压器可以分为电力变压器、控制变压器等。

(1) 电力变压器

目前，已在系统运行的代表性产品包括：1150kV、1200MV·A，735～765kV、800MV·A，400～500kV、3 相 750MV·A 或单相 550MV·A，220kV、3 相 1300MV·A 电力变压器；直流输电 ±500kV、400MV·A 换流变压器。电力变压器主要为油浸式，产品结构为心式和壳式两类。心式生产量占 95%，壳式只占 5%。心式与壳式相互间并无压倒性的优点，只是心式工艺相对简单，因而被大多数企业采用；而壳式结构与工艺都要更为复杂。壳式特别适用于高电压、大容量，其绝缘、机械及散热都有优点且适宜山区水电站的运输。

(2) 控制变压器

控制变压器主要适用于交流 50Hz（或 60Hz）、电压 1000V 及以下电路中，在额定负载下可连续长期工作。通常用于机床、机械设备中作为电器的控制照明及指示灯电源。控制变压器是一种小型的干式变压器。常用作局部照明电源、信号灯或指示灯电源，在电气设备中作为控制电路电源。

使用控制变压器时应注意两点：一是变压器功率，二是正确接线。二次侧所接负载的总功率不得大于控制变压器的功率，更不允许短路。否则将导致其温度太高，严重时甚至会将其烧毁。控制变压器的一、二次接线不得接错，尤其是一次侧接线更不能接错。一次侧应配接的电压值均标注在它的接线端上，绝不允许把 380V 的电源线接在 220V 接线端子上，但可以把 220V 电源线接在 380V 接线端子上，此时二次侧所有输出电压将同比例降低。二次侧负载应根据其额定电压值接在相应的接线端子上，例如 6.3V 的指示灯应接在 6.3V 接线柱上，机床 36V 照明灯应接在 36V 接线柱上，127V 的机床交流接触器线圈应接在 127V 接线柱上。

5.1.3 三相异步电动机的工作原理

三相异步电动机是根据磁场与载流导体相互作用产生电磁力的原理而制成的，三相定子绕组对称放置在定子槽中，即三相绕组首端 U_1、V_1、W_1（或末端 U_2、V_2、W_2）的空间位置互差 120°。若三相绕组连接成星形，末端 U_2、V_2、W_2 相连，首端 U_1、V_1、W_1 接到三相对称电源上，则在定子绕组中通过三相对称的电流 i_U、i_V、i_W（习惯规定电流参考方向由首端指向末端），其波形如图 5-8 所示。

$$i_U = I_m \sin \omega t$$
$$i_V = I_m \sin(\omega t - 120°)$$
$$i_W = I_m \sin(\omega t + 120°)$$

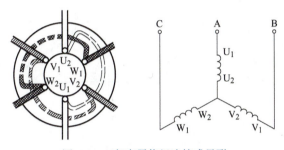

图 5-8　三相定子绕组连接成星形

当三相电流流入定子绕组时，各相电流的磁场为交变、脉动的磁场，而三相电流的合成磁场则是一旋转磁场。为了说明问题，在图 5-9 中选择几个不同瞬间，来分析旋转磁场的形成。

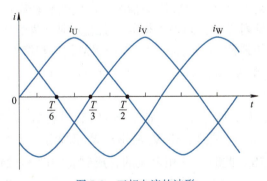

图 5-9　三相电流的波形

1）$t=0$ 瞬间（$i_U=0$；i_V 为负值；i_W 为正值）：此时，U 相绕组（U_1U_2 绕组）内没有电

流；V 相绕组（V_1V_2 绕组）电流为负值，说明电流由 V_2 流进，由 V_1 流出；而 W 相绕组（W_1W_2 绕组）电流为正，说明电流由 W_1 流进，由 W_2 流出。运用右手螺旋定则，可以确定合成磁场如图 5-10a 所示，为一对极（两极）磁场这一瞬间的和。

2）$t=T/6$ 瞬间（i_U 为正值；i_V 为负值；$i_W=0$）：U 相绕组电流为正，电流由 U_1 流进，由 U_2 流出；V 相绕组电流未变；W 相绕组内没有电流。合成磁场如图 5-10b 所示，同 $t=0$ 瞬间相比，合成磁场沿顺时针方向旋转了 60°。

3）$t=T/3$ 瞬间（i_U 为正值；$i_V=0$；i_W 为负值）：合成磁场沿顺时针方向又旋转了 60°，如图 5-10c 所示。

4）$t=T/2$ 瞬间（$i_U=0$；i_V 为正值；i_W 为负值）：与 $t=0$ 瞬间相比，合成磁场共旋转了 180°。

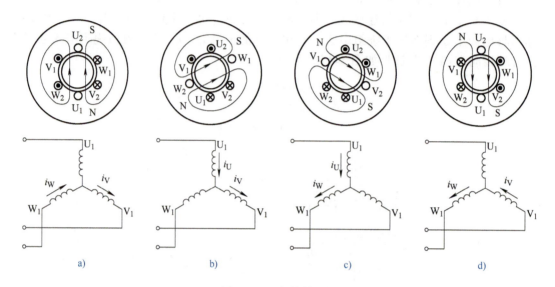

图 5-10 两极旋转磁场

由此可见，随着定子绕组中三相对称电流的不断变化，所产生的合成磁场也在空间不断地旋转。由上述两极旋转磁场可以看出，电流变化一周，合成磁场在空间旋转 360°（一转），且旋转方向与线圈中电流的相序一致。

以上分析的是每相绕组只有一个线圈的情况，产生的旋转磁场具有一对磁极。旋转磁场的极数与定子绕组的排列有关。如果每相定子绕组分别由两个线圈串联而成，如图 5-11 所示，其中，U 相绕组由线圈 U_1U_2 和 U_1' U_2' 串联组成，V 相绕组由 V_1V_2 和 V_1' V_2' 串联组成，W 相绕组由 W_1W_2 和 W_1' W_2' 串联组成，当三相对称电流通过这些线圈时，便能产生两对极旋转磁场（四极）。

当 $t=0$ 时，$i_U=0$；i_V 为负值；i_W 为正值。即 U 相绕组内没有电流；V 相绕组电流由 V_2' 流进，由 V_1' 流出，再由 V_2 流进，由 V_1 流出；W 相绕组电流由 W_1 流进，由 W_2 流出，再由 W_1' 流进，由 W_2' 流出。此时，三相电流的合成磁场如图 5-12a 所示。图 5-12b、c、d 分别表示当 $t=T/6$、$t=T/3$、$t=T/2$ 时的合成磁场。从图 5-12 不难看出，四极旋转磁场在电流变化一周时，旋转磁场在空间旋转 180°。

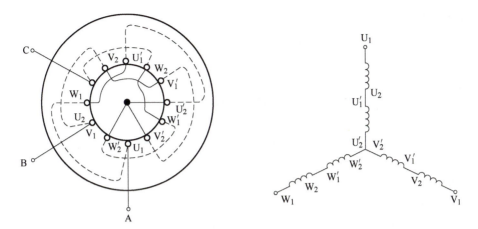

图 5-11 四极定子绕组

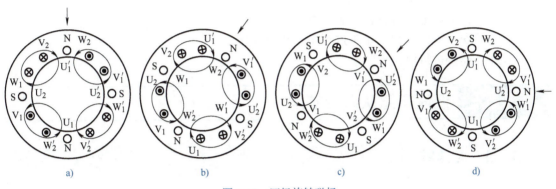

图 5-12 四极旋转磁场

三相异步电动机的三相对称绕组通入三相对称电流建立基波旋转磁场,其主要性质和特点如下:

1)三相基波旋转磁场的幅值不变,即旋转磁场的轨迹为一个圆,故为圆形旋转磁场。其幅值为脉振磁场振幅的 3/2 倍。

2)磁场旋转的速度称为同步速 $n_1 = \dfrac{60f_1}{p}$,与电源频率 f_1 成正比,与磁极对数 p 成反比。

3)旋转磁场的瞬时位置:哪一相绕组通入的电流达正最大值时,旋转磁场的幅值刚好出现在这相绕组的轴线处。

实践任务书 5-1 控制变压器的使用

1. 器材

(1)万用表　　　　　　　　　　　　一块
(2)控制变压器　　　　　　　　　　一台

2. 实践内容

1）口述控制变压器的工作原理。
2）对控制变压器进行检查。
3）遵循安全操作规程，正确接线。
4）采用万用表检查变压器的输入、输出电压、电流是否符合要求。

实践任务书 5-2　三相异步电动机定子绕组的连接

1. 器材

（1）万用表　　　　　　　　　　　　一块
（2）三相异步电动机　　　　　　　　一台

2. 实践内容

1）口述异步电动机工作原理。
2）对三相异步电动机进行静态检查。
3）遵循安全操作规程，正确进行定子绕组连接。
4）绕组连接进行测试。

任务 5.2　低压电器认识及使用

5.2.1　断路器

图 5-13 所示的电气元件称为断路器，俗称空气开关，它可实现电气控制的短路、过载、失电压保护，其原理如图 5-14 所示。

图 5-13　断路器的外观

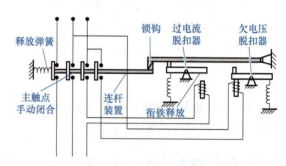

图 5-14　断路器的原理

低压断路器的主触点是靠手动操作或电动合闸的。主触点闭合后，自由脱扣机构将主触点锁在合闸位置上。过电流脱扣器的线圈和热脱扣器的热元件与主电路串联，欠电压脱扣器的线圈和电源并联。当电路发生短路或严重过载时，过电流脱扣器的衔铁吸合，使自由脱扣机构动作，主触点断开主电路。当电路过载时，热脱扣器的热元件发热使双金属片上弯曲，推动自由脱扣机构动作。当电路欠电压时，欠电压脱扣器的衔铁释放，也使自由脱扣机构动作。分励脱扣器则作为远距离控制用，在正常工作时，其线圈是断电的，在需要距离控制时，按下起动按钮，使线圈通电，衔铁带动自由脱扣机构动作，使主触点断开。

5.2.2 接触器和中间继电器

接触器是一种自动化的控制器件，主要用于频繁接通或分断交、直流电路，控制容量大，可远距离操作，配合继电器可以实现定时操作、联锁控制、各种定量控制和失电压及欠电压保护，广泛应用于自动控制电路；其主要控制对象是电动机，也可用于控制其他电力负载，如电热器、照明、电焊机、电容器组等。交流接触器的外观和结构如图 5-15 所示。

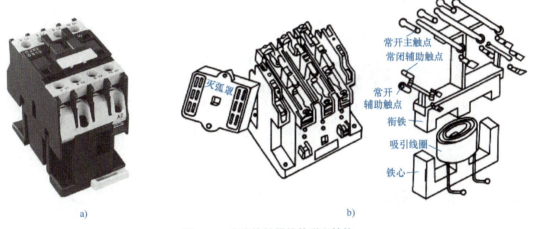

图 5-15 交流接触器的外形和结构

a）外观 b）结构

从图 5-15 可以看出，接触器主要由三部分组成。

1）触点系统：采用双断点桥式触点结构，一般有三对常开主触点。

2）电磁系统：包括动、静铁心，吸引线圈和反作用弹簧。

3）灭弧系统：大容量接触器（20A 以上）采用缝隙灭弧罩及灭弧栅片灭弧，小容量接触器采用双断口触点灭弧、电动力灭弧、相间弧板隔弧及陶土灭弧罩灭弧。

交流接触器的工作原理：当吸引线圈两端加上额定电压时，动、静铁心间产生大于反作用弹簧弹力的电磁吸力，动、静铁心吸合，带动动铁心上的触点动作，即常闭触点断开，常开触点闭合；当吸引线圈端电压消失后，电磁吸力消失，触点在反弹力作用下恢复常态。

接触器分为主触点和辅助触点，主触点用于主电路流过的大电流（需加灭弧装置），辅助触点则用于控制电路流过的小电流（无须加灭弧装置）。其符号与触点示意如图 5-16 所示。在电气电路中，属于同一器件的线圈和触点用相同的文字表示。目前常用的交流接触器有 CJ10、CJ12、CJ20 和 3TB 等系列。

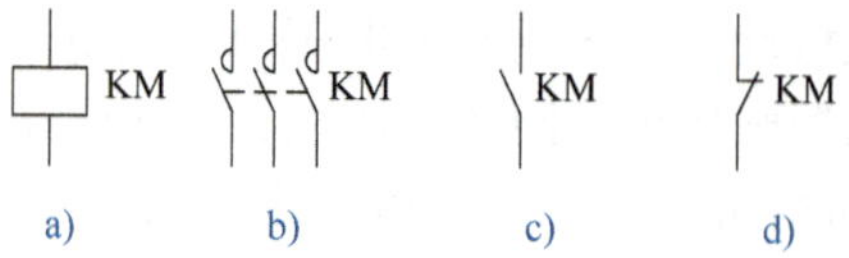

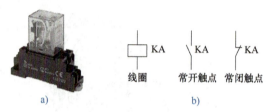

图 5-16 接触器的符号与触点

a）线圈　b）主触点　c）常开辅助触点　d）常闭辅助触点

接触器的技术指标为额定工作电压、额定电流、触点数目等。如 CJ20 系列主触点额定电流为 5A、10A、20A、40A、75A、120A 等数种；额定工作电压通常是 220V 或 380V。

继电器和接触器的结构和工作原理大致相同。主要区别在于：接触器的主触点可以通过大电流；继电器的体积和触点容量小，触点数目多，且只能通过小电流。所以，中间继电器一般用于控制电路中。中间继电器触点容量小，触点数目多，用于控制电路。图 5-17 所示为中间继电器的外观和符号。

图 5-17 中间继电器的外观和符号

a）外观　b）符号

5.2.3 热继电器

热继电器用于电动机的过载保护，图 5-18 为其外观和结构。

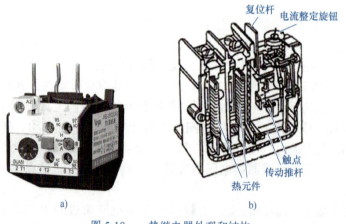

图 5-18 热继电器外观和结构

a）外观　b）结构

热继电器的工作原理为：热元件接入电动机主电路，若长时间过载，双金属片被加热。因双金属片的下层膨胀系数大，使其向上弯曲，杠杆被弹簧拉回，常闭触点断开（图 5-19）。

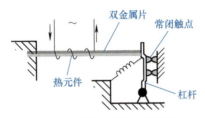

图 5-19　热继电器的工作原理

5.2.4　按钮

按钮常用于接通和断开控制电路，是一种最常见的主令开关。以按钮为例，其外观和结构如图 5-20 所示。

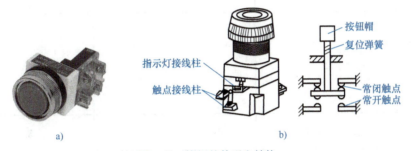

图 5-20　按钮的外观和结构

a）外观　b）结构

按钮主要用来发布操作命令、接通或断开控制电路、控制机械与电气设备的运行。按钮的工作原理很简单，如图 5-21 所示，对于常开触点，在按钮未被按下前，电路是断开

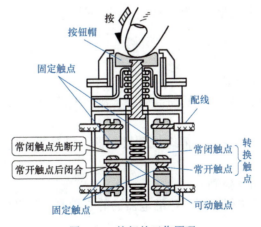

图 5-21　按钮的工作原理

的，按下按钮后，常开触点被连通，电路也被接通；对于常闭触点，在按钮未被按下前，触点是闭合的，按下按钮后，触点被断开，电路也被分断。由于控制电路工作的需要，一只按钮还可带有多对同时动作的触点。

按钮的用途很广，例如车床的起动与停机、正转与反转等；塔式起重机的起动、停止、上升、下降、慢速或快速运行等，都需要按钮控制。

常见按钮型号和规格见表 5-1。

表 5-1 常见按钮型号和规格

结构	（常闭按钮结构图）	（常开按钮结构图）	（复合按钮结构图，标注：按钮帽、复位弹簧、支柱连杆、常闭静触点、桥式静触点、常开静触点、外壳）
符号	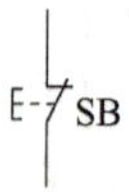 E-╱SB	 E-╲SB	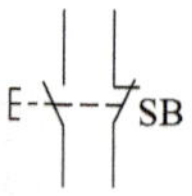 E-╳SB
名称	常闭按钮（停止按钮）	常开按钮（起动按钮）	复合按钮

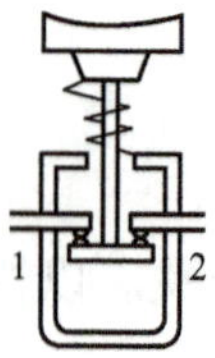

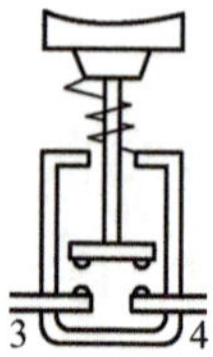

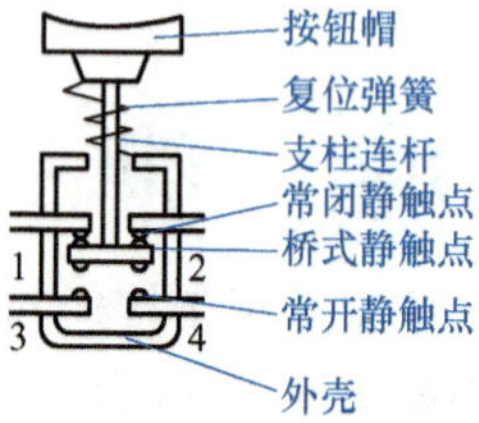

实践任务书 5-3　断路器、接触器、热继电器的选用及检测

1. 器材

（1）断路器、接触器、热继电器　　　各一个
（2）万用表　　　一块

2. 实践内容

（1）断路器的选用及检测

包括口述断路器的选用原则、断路器静态检测、断路器的接线和断路器通电检测。

（2）接触器的选用及检测

包括口述接触器的选用原则、静态检测接触器、接触器的连线、接触器的线圈检测、接触器的主电路检测。

（3）热继电器的选用及检测

包括口述热继电器的选用原则、热继电器的静态检测、热继电器的连接、热元件的整定和主电路检测。

任务 5.3 三相异步电动机单向控制电路

5.3.1 三相异步电动机点动控制

点动控制电路是用较简单的二次电路控制主电路，完成电动机的全压起动。点动控制是指按下按钮，电动机得电运转；松开按钮，电动机失电停转，其工作原理如图 5-22 所示。

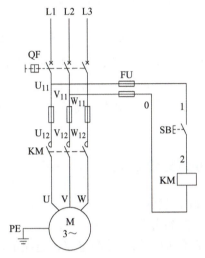

图 5-22　点动控制电路工作原理

起动：按下起动按钮 SB→控制电路得电→接触器线圈 KM 得电→接触器主触点闭合→主电路接通→电动机 M 得电并起动运转。

停止：放开常开（动合）按钮 SB→控制电路分断→接触器 KM 线圈失电→接触器主触点分断→主电路分断→电动机 M 失电停转。

点动控制电路是用按钮、接触器来控制电动机运转的最简单的控制电路，接线示意如图 5-23 所示。

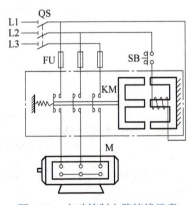

图 5-23　点动控制电路接线示意

从图 5-23 中可以看出，点动正转控制电路是由转换开关 QS、熔断器 FU、起动按钮 SB、接触器 KM 及电动机 M 组成。其中，转换开关 QS 作电源隔离开关，熔断器 FU 作短路保护，按钮 SB 控制接触器 KM 的线圈得电、失电，接触器 KM 的主触点控制电动机 M 的起动与停止，电路工作原理如下：

当电动机 M 需要点动时，先合上转换开关 QS，此时电动机 M 尚未接通电源。按下起动按钮 SB，接触器 KM 的线圈得电，使衔铁吸合，同时带动接触器 KM 的三对主触点闭合，电动机 M 便接通电源起动运转。当电动机需要停转时，只要松开起动按钮 SB，使接触器 KM 的线圈失电，衔铁在复位弹簧作用下复位，带动接触器 KM 的三对主触点恢复断开，电动机 M 失电停转。

图 5-23 中点动正转控制接线示意图是用近似实物接线图的画法表示的，看起来比较直观，初学者易学易懂，但画起来却很麻烦，特别是对一些比较复杂的控制电路，由于所用电气元器件较多，画成接线示意图的形式反而使人觉得繁杂难懂，很不实用。因此，控制电路通常不画接线示意图，而是采用国家统一规定的电气图形符号和文字符号画成控制电路原理图。

5.3.2 三相异步电动机长动控制

长动控制，又称具有自锁的控制电路。

（1）没有过载保护的长动控制电路

如图 5-24 所示为没有过载保护的长动控制电路，电路的动作原理如下：

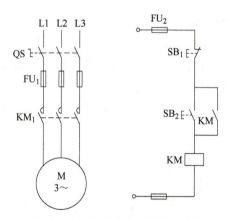

图 5-24 没有过载保护的长动控制电路

合上电源开关 QS，起动：按 SB_2 → KM 线圈得电 → KM 动合辅助触点闭合自锁
　　　　　　　　　　　　　　　　　　　　　　　　→ KM 主触点闭合 → 电动机 M 起动运转

松开起动按钮 SB_2，由于接在按钮 SB_2 两端的 KM 动合辅助触点闭合自锁，控制电路仍保持接通，电动机 M 继续运转。

停止：按SB₁→KM线圈断电释放 →KM动合辅助触点断开 → 自锁解锁
　　　　　　　　　　　　　　→KM主触点断开 → 电动机M停止运转

（2）具有过载保护的长动控制

电动机在运转过程中，如果长期负载过大或频繁操作等都会引起电动机绕组过热，影响电动机的使用寿命，甚至会烧坏电动机。因此，对电动机要采用过载保护，一般采用热继电器作为过载保护元件，其原理如图 5-25 所示。

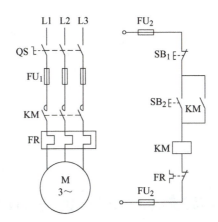

图 5-25　带过载保护的直接起动控制电路

电路动作原理如下：

电动机在运行过程中，由于过载或其他原因，使负载电流超过额定值时，经过一定时间，串接在主电路中的热继电器的双金属片因受热弯曲，使串接在控制电路中的常闭（动断）触点断开，切断控制电路，接触器 KM 的线圈断电，主触点断开，电动机 M 停转，达到了过载保护的目的。

5.3.3　三相异步电动机既能点动又能长动控制

在生产实践中，机床调整完毕后，需要连续进行切削加工，则要求电动机既能实现点动又能实现长动。控制电路如图 5-26 所示。

图 5-26a 的电路比较简单，采用钮子开关 SA 实现控制。点动控制时，先把 SA 打开，断开自锁电路→按动 SB₁→ KM 线圈通电→电动机 M 点动；长动控制时，把 SA 合上→按动 SB₁→ KM 线圈通电，自锁触点起作用→电动机 M 实现长动。

图 5-26b 的电路采用复合按钮 SB₃ 实现控制。点动控制时，按动复合按钮 SB₃，断开自锁电路→ KM 线圈通电→电动机 M 点动；长动控制时，按动起动按钮 SB₁→ KM 线圈通电，自锁触点起作用→电动机 M 长动运行。此电路在点动控制时，若接触器 KM 的释放时间大于复合按钮的复位时间，则 SB₃ 松开时，SB₃ 常闭触点已闭合，但接触器 KM 的自锁触点尚未打开，会使自锁电路继续通电，则电路不能实现正常的点动控制。

图 5-26c 的电路采用中间继电器 KA 实现控制。点动控制时，按动起动按钮

SB_3→KM 线圈通电→电动机 M 点动；长动控制时，按动起动按钮 SB_2→中间继电器 KA 线圈通电并自锁→KM 线圈通电→M 实现长动。此电路多用了一个中间继电器，但工作可靠性也提高了。

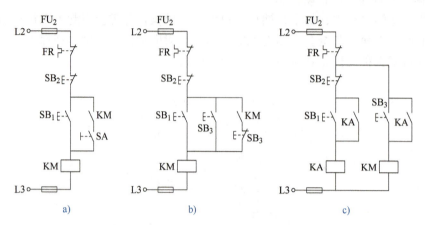

图 5-26　既能点动又能长动控制的控制电路

实践任务书 5-4　三相异步电动机控制电路安装与调试

1. 器材
（1）断路器、接触器、热继电器　　　　若干
（2）万用表　　　　　　　　　　　　　一块
（3）三相异步电动机　　　　　　　　　一台

2. 实践内容
根据要求进行电路连接，并进行静态功能检查、上电功能检查，完成点动、长动以及两者兼具的控制电路安装与调试。

思考与练习

5.1　选择题（将正确答案的序号填入括号内）

（1）在直流电动机的定子部分中与换向器滑动接触，并为转子绕组提供电枢电流的装置是（　　）。
　　A. 主磁极　　　　　　　　　　　B. 换向磁极
　　C. 附加极　　　　　　　　　　　D. 电刷

（2）接触器的额定工作电压通常为（　　）。
　　A. 12V 或 24V　　　　　　　　　B. 24V 或 36V
　　C. 220V 或 380V　　　　　　　　D. 110V 或 380V

（3）三相异步电动机单向控制电路通过设计可以实现以下哪些功能？（　　）
　　A. 长动控制　　　　　　　　　　B. 点动控制

C. 过载保护　　　　　　　　　　D. 以上三个选项都可以实现

(4) 交流电动机中的转子的作用是（　　）。
A. 主要用来产生旋转力矩，拖动生产机械旋转
B. 支撑定子铁心和固定整个电动机
C. 减小电刷与换向器之间的火花
D. 是电动机绕组和电气控制电路进行动力交换的地方

(5) 变压器的主要构件包括（　　）。
A. 一次绕组、铁心和磁心　　　　B. 一次绕组、二次绕组和铁心
C. 二次绕组、铁心和磁心　　　　D. 一次绕组、二次绕组和外围线圈

(6) 在接触器中，包括动、静铁心，吸引线圈和反作用弹簧的部分是（　　）。
A. 电磁系统　　　　　　　　　　B. 触点系统
C. 灭弧系统　　　　　　　　　　D. 过载系统

(7) 热继电器常用于电动机的（　　）。
A. 点动与长动控制　　　　　　　B. 定时控制
C. 过载保护　　　　　　　　　　D. 断电保持

(8) 在交流电动机中，定子铁心为了降低铁心损耗，定子铁心采用（　　）厚的硅钢片叠压而成。
A. 1.5mm　　　B. 0.5mm　　　C. 0.3cm　　　D. 0.2mm

(9) 三相基波旋转磁场的幅值为脉振磁场振幅的（　　）倍。
A. 3　　　　　B. 2　　　　　C. 3/2　　　　D. 2/3

(10) 大容量接触器（20A以上）采用（　　）灭弧，小容量接触器采用（　　）灭弧。
A. 缝隙灭弧罩及灭弧栅片
B. 双断口触点及电动力
C. 相间弧板隔弧及陶土灭弧罩
D. 双断口触点及陶土灭弧罩

5.2　判断题（正确打√，错误打×）

(1) 直流电动机由两个主要部分组成，静止部分称为电枢，转动部分称为转子。（　　）
(2) 电动机能将电能转换成机械能。（　　）
(3) 在带有过载保护的三相异步电动机单向控制电路中，当负载电流超过额定值时，会立即断电停转。（　　）
(4) 接触器是一种自动化的控制电器。（　　）
(5) 低压断路器的主触点是靠手动操作或电动合闸的。（　　）
(6) 三相异步电动机是根据磁场与载流导体相互作用产生电磁力的原理而制成的。（　　）
(7) 目前我国生产的三相异步电动机，功率在4 kW以下者一般采用三角形接法；在4kW以上者采用星形接法。（　　）
(8) 控制变压器在额定负载下可连续长期工作。（　　）

（9）继电器和接触器的结构基本不同，但工作原理相同。　　　　　（　）

（10）继电器虽然体积和触点容量小、触点数目多，却能通过大电流。　（　）

5.3　问答题

（1）简要分析一下直流电动机与交流电动机的区别。

（2）简单描述一下热继电器的优点。

（3）分析三相异步电动机单向控制电路在工业中的优势。

（4）谈谈你对电动机的理解以及电动机及其控制在我国工业发展中的重要性。

项目 6 直流稳压电源的制作

项目导读

直流稳压电源是能为负载提供稳定直流电源的电子装置。直流稳压电源的供电电源大都是交流电源,当交流供电电源的电压或负载电阻变化时,稳压器的直流输出电压都会保持稳定。直流稳压电源随着电子设备向高精度、高稳定性和高可靠性的方向发展,对电子设备的供电电源提出了高的要求。常用的小功率半导体直流稳压电源系统由电源变压器、整流电路、滤波电路和稳压电路四部分组成。

❖ **知识目标:**
掌握构成各种半导体的 PN 结方式;
理解二极管的结构、工作原理、特性曲线;
掌握基本放大电路的组成方法、各元器件的作用;
掌握整流电路的工作原理及用途。

❖ **能力目标:**
能判断与检测二极管的好与坏;
能检测与区分晶体管的三个极性;
能用静态分析法和动态分析法分析放大电路;
能安装与调试稳压电源电路。

❖ **素养目标:**
培养学生的动手能力、团结协作能力;
通过芯片使用与介绍芯片的发展史,拓展学生视野、培养学生的科技情怀。

任务 6.1 常用半导体的选用

6.1.1 半导体的基本知识

1. 本征半导体

半导体的导电能力介于导体和绝缘体之间。用得最多的半导体是锗和硅,都是四价元素。将锗或硅材料提纯后形成的完全纯净、具有完整晶体结构的半导体就是本征半导体,其结构如图 6-1 所示。

半导体的导电能力在不同条件下有很大差别。一般来说,本征半导体相邻原子间存在稳固的共价键，导电能力并不强。但有些半导体在温度增高、受光照等条件下，导电能力会大大增强，利用这种特性可制造热敏电阻、光敏电阻等器件。更重要的是，在本征半导体中掺入微量杂质后，其导电能力就可增加几十万乃至几百万倍，利用这种特性就可制造二极管、晶体管等半导体器件。

半导体的这种与导体和绝缘体截然不同的导电特性是由它的内部结构和导电机理决定的：在半导体价键结构中，价电子（原子的最外层电子）不像在绝缘体（8价元素）中那样被束缚得很紧，在获得一定能量（温度增高、受光照等）后，即可摆脱原子核的束缚（电子受到激发），成为自由电子时共价键中留下的空位称为空穴，如图6-2所示。

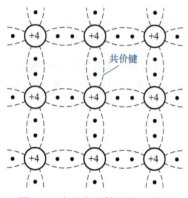

图6-1 本征半导体结构示意图

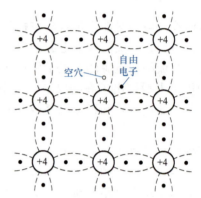

图6-2 本征半导体中的自由电子和空穴

在外电场的作用下，半导体中将出现两部分电流：一是自由电子做定向运动形成的电子电流，一是仍被原子核束缚的价电子（不是自由电子）递补空穴形成的空穴电流。也就是说，在半导体中存在自由电子和空穴两种载流子，这是半导体和金属在导电机理上的本质区别。

本征半导体中的自由电子和空穴总是成对出现，同时又不断复合，在一定温度下达到动态平衡，载流子便维持一定数目。温度越高，载流子数目越多，导电性能也就越好。所以，温度对半导体器件性能的影响很大。载流子就是能运载电荷做定向移动并形成电流的粒子

2. 掺杂半导体

本征半导体中载流子数目极少，导电能力仍然很低。但如果在其中掺入微量的杂质，所形成的杂质半导体的导电性能将大大增强。由于掺入的杂质不同，杂质半导体可以分为N型和P型两大类。

本征半导体中掺入磷或其他五价元素，就构成N型半导体。半导体中的自由电子数目大量增加，自由电子成为多数载流子，空穴则成为少数载流子，如图6-3所示。

本征半导体中掺入硼或其他三价元素，就构成P型半导体。半导体中的空穴数目大量增加，空穴成为多数载流子，而自由电子则成为少数载流子，如图6-4所示。

应注意，不论是N型半导体还是P型半导体，虽然都有一种载流子占多数，但整个晶体仍然是不带电的。

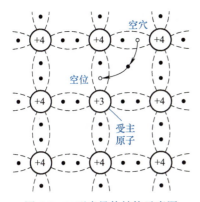
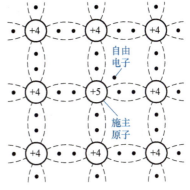

图 6-3　N 型半导体结构示意图　　　　图 6-4　P 型半导体结构示意图

6.1.2　PN 结

1. PN 结的形成

通过某些方式将 P 型半导体和 N 型半导体结合在一起,则在它们的交接面上将形成 PN 结。如图 6-5a 所示的是一块晶片,两边分别形成 P 型和 N 型半导体。根据扩散原理,空穴要从浓度高的 P 区向 N 区扩散,自由电子要从浓度高的 N 区向 P 区扩散,并在交界面发生复合（耗尽）,形成载流子极少的正负空间电荷区,如图 6-5b 所示,也就是 PN 结,又叫耗尽层。正负空间电荷在交界面两侧形成一个由 N 区指向 P 区的电场,称为内电场,它对多数载流子的扩散运动起阻挡作用,所以空间电荷区又称为阻挡层。同时,内电场对少数载流子（P 区的自由电子和 N 区的空穴）则可推动它们越过空间电荷区,这种少数载流子在内电场作用下有规则的运动称为漂移运动。

扩散和漂移是相互联系,又是相互矛盾的。在一定条件下（例如温度一定）,多数载流子的扩散运动逐渐减弱,而少数载流子的漂移运动则逐渐增强,最后两者达到动态平衡,空间电荷区的宽度基本上稳定下来,PN 结就处于相对稳定的状态。

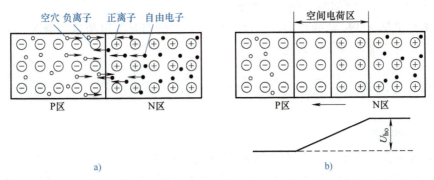

图 6-5　PN 结形成示意图

2. PN 结的单向导电性

PN 结具有单向导电的特性,这也是半导体器件的主要工作机理。

如果在 PN 结上加正向电压,外电场与内电场的方向相反,使空间电荷区变窄,内电场被削弱，多数载流子的扩散运动增强，形成较大的扩散电流（由 P 区流向 N 区的正向电流）。在一定范围内，外电场越强，正向电流越大，这时 PN 结呈现的电阻很低，即 PN 结处于导通状态，如图 6-6 所示。

如果在 PN 结上加反向电压，外电场与内电场的方向一致，使空间电荷区变宽，内电场增强，使多数载流子的扩散运动难以进行，同时加强了少数载流子的漂移运动，形成由 N 区流向 P 区的反向电流。由于少数载流子数量很少，因此反向电流不大，PN 结的反向电阻很高，即 PN 结处于截止状态，如图 6-7 所示。

由以上分析可知，PN 结具有单向导电性。

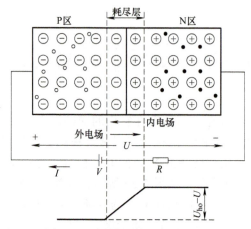

图 6-6　PN 结加正向电压时导通

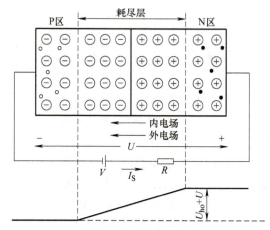

图 6-7　PN 结加反向电压时截止

3. PN 结的击穿

PN 结处于反向偏置时，在一定的电压范围内，流过 PN 结的电流很小，但电压超过某一数值时，反向电流急剧增加，这种现象就称为反向击穿。击穿形式分为两种：雪崩击穿和齐纳击穿。对于硅材料的 PN 结来说，击穿电压 $U>7V$ 时为雪崩击穿，$U<4V$ 时为齐纳击穿。在 4V 与 7V 之间时，两种击穿都有。

由于击穿破坏了 PN 结的单向导电性，因此一般使用时要避免这种情况。需要指出的是，发生击穿并不意味着 PN 结烧坏。

6.1.3　二极管

1. 二极管的结构

把 PN 结用管壳封装，然后在 P 区和 N 区分别向外引出一个电极，即可构成一个二极管。P 区的引出线称为正极或阳极，N 区的引出线称为负极或阴极。单向导电性是二极管的重要特性，即正向导通，反向截止。

二极管的结构外形及在电路中的文字符号如图 6-8a 所示，在图 6-8b 所示电路符号中，箭头指向为正向导通电流方向。

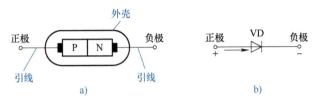

图 6-8 半导体二极管结构示意图及电路符号

2. 二极管的类型

半导体二极管有许多种类。按材料分为锗管、硅管和砷化镓管等；按结构分为点接触型、面接触型和平面型，如图 6-9 所示。

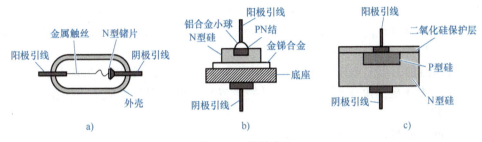

图 6-9 二极管类型
a) 点接触型 b) 面接触型 c) 平面型

点接触型（一般为锗管）结电容小，适合高频电路应用；面接触型（一般为硅管）能通过较大的电流，但结电容较大，适合整流电路应用；平面型可以根据需要制作成各种类型的二极管。

3. 半导体二极管的伏安特性

半导体二极管的核心是 PN 结，它的特性就是 PN 结的特性——单向导电性。常利用伏安特性曲线来形象地描述二极管的单向导电性。若以电压为横坐标、电流为纵坐标，用作图法把电压、电流的对应值用平滑的曲线连接起来，就构成二极管的伏安特性曲线，如图 6-10 所示（图中虚线为锗管的伏安特性，实线为硅管的伏安特性）。

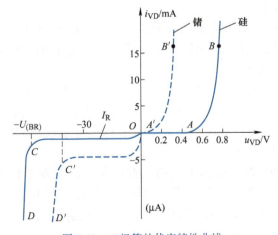

图 6-10 二极管的伏安特性曲线

其数学表达式为

$$i_{VD} = I_S(e^{u_{VD}/U_T} - 1)$$

$$U_T = \frac{kT}{q}$$

（1）正向特性

二极管两端加正向电压时，就产生正向电流，当正向电压较小时，正向电流极小（几乎为零），这一部分称为死区，相应的 A（A'）点的电压称为死区电压或门槛电压（也称阈值电压），硅管约为 0.5V，锗管约为 0.1V，如图 6-10 所示的 OA（OA'）段。

当正向电压超过门槛电压时，正向电流急剧增大，二极管呈现很小电阻，处于导通状态。硅管的正向导通压降为 0.6～0.7V，锗管为 0.2～0.3V，如图 6-10 所示的 AB（$A'B'$）段。二极管正向导通时，要特别注意它的正向电流不能超过最大值，否则将烧坏 PN 结。

（2）反向特性

二极管两端加上反向电压时，在开始很大范围内，二极管相当于非常大的电阻，反向电流很小，且不随反向电压而变化。此时的电流称为反向饱和电流 I_R，如图 6-10 所示的 OC（OC'）段。

（3）反向击穿特性

二极管反向电压加到一定数值时，反向电流急剧增大，这种现象称为反向击穿。此时对应的电压称为反向击穿电压，用 U_{BR} 表示，如图 6-10 所示的 CD（$C'D'$）段。

（4）温度对特性的影响

由于二极管的核心是一个 PN 结，它的导电性能与温度有关，温度升高时二极管正向特性曲线向左移动，正向压降减小；反向特性曲线向下移动，反向电流增大。

温度每升高 10℃，I_R 增大一倍；温度每升高 1℃，正向压降 U_{DF} 减小（2～2.5）mV。

4. 半导体二极管的主要参数

二极管的参数是评价二极管性能的重要指标，它规定了二极管的适用范围，它是合理选用二极管的依据。二极管的主要参数有最大整流电流、最高反向工作电压、最大反向饱和电流、最高工作频率。

（1）最大整流电流 I_{FM}

I_{FM} 是指长期工作时，二极管能允许通过的最大正向平均电流值。实际应用时，流过二极管的平均电流不能超过这个数值，否则，将导致二极管因过热而永久损坏。

（2）最高反向工作电压 U_{RM}

U_{RM} 是指二极管工作时保证其不被击穿所允许施加的最大反向电压，也就是通常所说的耐压值（保证二极管不被击穿允许加的最大反向电压），超过此值二极管就有被反向击穿的危险。通常手册上给出的最高反向工作电压 U_{RM} 约为击穿电压 U_{BR} 的一半。

（3）最大反向饱和电流 I_R

I_R 是指二极管未击穿时的反向电流值。此值越小，二极管的单向导电性越好（室温下，二极管加最高反向工作电压时的反向电流，与温度有关）。I_R 越小，说明二极管的单向导电性能越好。I_R 对温度很敏感，温度升高，其电流会增加很大。

(4) 最高工作频率 f_{max}

f_{max} 指的是二极管单向导电作用开始明显退化的交流信号的频率。二极管在外加高频交流电压时,由于 PN 结的电容效应,单向导电作用退化。

5. 特殊二极管

(1) 整流二极管

整流二极管用于整流电路,把交流电换成脉动的直流电。采用面接触型,结电容较大,故一般工作在 3kHz 以下。如图 6-11 所示为二极管整流电路。也有专门用于高压、高频整流电路的高压整流堆。

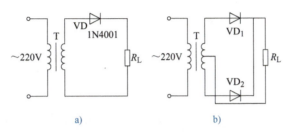

图 6-11 二极管整流电路

a) 二极管半波整流电路 b) 二极管全波整流电路

(2) 稳压二极管

稳压二极管是一种特殊的面接触型二极管,其特性和普通二极管类似,但它的反向击穿是可逆的,不会发生"热击穿",而且其反向击穿后的特性曲线比较陡直,即反向电压基本不随反向电流变化而变化,这就是稳压二极管的稳压特性。稳压二极管 VS 的主要参数为稳压值 U_Z 和最大稳定电流 I_{ZM},稳压值 U_Z 一般取反向击穿电压。图 6-12a 是稳压二极管电路。

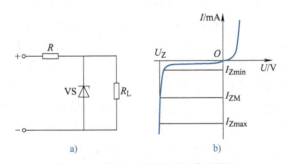

图 6-12 稳压二极管电路和伏安特性

a) 电路 b) 伏安特性

(3) 变容二极管

变容二极管一般工作于反偏状态,改变其 PN 结上的反向偏压,即可改变 PN 结电容量。反向偏压越高,结电容则越小。电压变大电容就变小,在高频自动调谐电路中,用电压去控制变容二极管从而控制电路的谐振频率。自动选台的电视机就要用到这种电容。

(4) 发光二极管

发光二极管能把电能转化为光能,发光二极管正向导通时能发出红、绿、蓝、黄及红外光，可用作指示灯和微光照明，可以用直流、交流（要考虑反向峰值电压是否会超过反向击穿电压）、脉动电流驱动。一般发光二极管的正向电阻较小。

(5) 光电二极管

光电二极管和发光二极管一样是由一个 PN 结构成，但它的结面积较大，可接收入射光。其 PN 结接反向电压时，在一定频率光的照射下，反向电阻会随光强度的增大而变小，反向电流增大。光电二极管在光通信中可作为光电转换器件。它总是工作在反向偏置状态。

6.1.4 晶体管

晶体管最基本的作用是放大作用，是组成各电子电路的核心器件。它可以把微弱的电信号变成一定强度的信号，转换仍然遵循能量守恒，能够把电源的能量转换成信号的能量。

1. 晶体管的结构

晶体管是由三层杂质半导体构成的器件，由于这类晶体管内部的电子载流子和空穴载流子同时参与导电，故称为双极型晶体管。它有三个电极，所以旧称为半导体三极管等，简称为三极管。

晶体管内含两个 PN 结，三个导电区域。两个 PN 结分别称作发射结和集电结，发射结和集电结之间为基区。从三个导电区引出三个电极，分别为集电极 c、基极 b 和发射极 e。图 6-13 所示为晶体管的实物图。

(1) 晶体管实现电流放大作用的内部结构条件

发射区掺杂浓度很高，以便有足够的载流子供"发射"；为减少载流子在基区的复合机会，基区做得很薄，一般为几个微米，且掺杂浓度较发射极低；集电区体积较大，且为了顺利收集边缘载流子，掺杂浓度很低。

图 6-13 晶体管的实物图

可见，双极型晶体管并非是两个 PN 结的简单组合，而是利用一定的掺杂工艺制作而成。因此，绝不能用两个二极管来代替，使用时也决不允许把发射极和集电极接反。

(2) 晶体管实现放大作用的外部条件

晶体管实现放大作用的外部条件是发射结电压正向偏置，集电结电压反向偏置。

2. 晶体管的类型

晶体管的类型包括：按结构不同分为 NPN 型和 PNP 型；按材料不同分为硅管和锗管；按功率不同分为大、中、小功率晶体管等；按工作频率不同分为高频管、低频管等；按封装形式不同分为金属封装、玻璃封装和塑料封装等。图 6-14 所示为晶体管的结构示意图与电路符号。

3. 半导体晶体管的电流分配关系和放大作用

晶体管的发射结加正向电压，集电结加反向电压，只有这样才能保证晶体管工作在放大状态。

其特点如下：

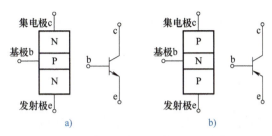

图 6-14 晶体管的结构示意图与电路符号

a）NPN 型　b）PNP 型

基极电流 I_B、集电极电流 I_C 与发射极电流 I_E 符合基尔霍夫电流定律，即

$$I_E = I_B + I_C$$

发射极电流 I_E 和集电极电流 I_C 几乎相等，但远远大于基极电流 I_B，即

$$I_E \approx I_C \gg I_B$$

晶体管有电流放大作用，体现在基极电流的微小变化会引起集电极电流较大的变化。

4. 半导体晶体管的特性曲线

晶体管伏安特性曲线是描述晶体管各极电流与极间电压关系的曲线，它对于了解晶体管的导电特性非常有用。

晶体管有三个电极，通常用其中两个分别作输入、输出端，第三个作公共端，这样可以构成输入和输出两个回路。实际中，有图 6-15 所示的三种基本接法，分别称为共发射极、共集电极和共基极接法。其中，共发射极接法更具代表性，所以这里主要讨论共发射极特性曲线。晶体管特性曲线包括输入和输出两组特性曲线，这两组曲线可以在晶体管特性图示仪的屏幕上直接显示出来，也可以用图 6-16 所示电路逐点测出。

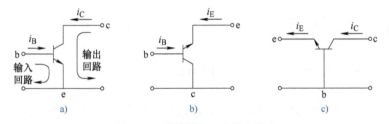

图 6-15 晶体管的三种基本接法

a）共发射极　b）共集电极　c）共基极

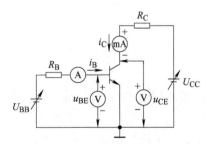

图 6-16 共发射极特性曲线测量电路

共射输入特性曲线是以 u_{CE} 为参变量时，i_B 与 u_{BE} 间的关系曲线，即典型的共发射极输入特性曲线，如图 6-17 所示。

1）在 $u_{CE} \geq 1V$ 的条件下，当 $u_{BE} < U_{BE(on)}$ 时，$i_B \approx 0$。$U_{BE(on)}$ 为晶体管的导通电压或死区电压，硅管为 0.5～0.6V，锗管为 0.1V。当 $u_{BE} > U_{BE(on)}$ 时，随着 u_{BE} 的增大，i_B 开始按指数规律增加，而后近似按直线上升。

2）当 $u_{CE}=0$ 时，晶体管相当于两个并联的二极管，所以 b、e 间加正向电压时，i_B 很大，对应的曲线明显左移。

3）当 u_{CE} 在 0～1V 之间时，随着 u_{CE} 的增加，曲线右移。特别在 $0<u_{CE} \leq U_{CE(sat)}$ 的范围内，即工作在饱和区时，移动量会更大些。

4）当 $u_{BE}<0$ 时，晶体管截止，i_B 为反向电流。若反向电压超过某一值时，e 结也会发生反向击穿。

共发射极输出特性曲线是以 i_B 为参变量时，i_C 与 u_{CE} 间的关系曲线。典型的共发射极输出特性曲线如图 6-18 所示。由图可见，输出特性可以划分为三个区域，对应三种工作状态。现分别讨论如下：

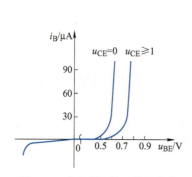

图 6-17　共发射极输入特性曲线

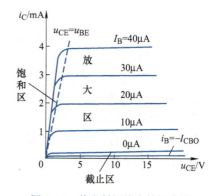

图 6-18　共发射极输出特性曲线

（1）截止区

$I_B=0$ 发射结零偏或反偏，集电结也反向偏置。

（2）放大区

e 结为正偏，c 结为反偏的工作区域为放大区。由图 6-18 可以看出，在放大区有以下两个特点：

① 基极电流 i_B 对集电极电流 i_C 有很强的控制作用，即 i_B 有很小的变化量 ΔI_B 时，i_C 就会有很大的变化量 ΔI_C。为此，用共发射极交流电流放大系数 β 来表示这种控制能力。β 定义为

$$\beta = \frac{\Delta I_C}{\Delta I_B}\bigg|_{u_E=常数}$$

反映在特性曲线上，为两条不同 I_B 曲线的间隔。电流放大倍数是表示晶体管的电流放大能力的参数。常用晶体管的 β 值一般在 20～200 之间。

② u_{CE} 变化对 I_C 的影响很小。在特性曲线上表现为，i_B 一定而 u_{CE} 增大时，曲线略有

上翘（i_C 略有增大）。这是因为 u_{CE} 增大，c 结反向电压增大，使 c 结展宽，所以有效基区宽度变窄，这样基区中电子与空穴复合的机会减少，即 i_B 要减小。而要保持 i_B 不变，所以 i_C 将略有增大。这种现象称为基区宽度调制效应，或简称基调效应。从另一方面看，由于基调效应很微弱，u_{CE} 在很大范围内变化时，I_C 基本不变。因此，当 I_B 一定时，集电极电流具有恒流特性。

（3）饱和区

e 结和 c 结均处于正偏的区域为饱和区。通常把 $u_{CE}=u_{BE}$（即 c 结零偏）的情况称为临界饱和，对应点的轨迹为临界饱和线。

6.1.5 场效应晶体管

双极型晶体管放大工作时，其输入回路的 PN 结必须处于正向偏置，因此输入电阻很低，这是晶体管的一个严重缺点。场效应晶体管（简称 FET）属于单极型晶体管，它是利用电场来控制管内电流，输入端的 PN 结工作于反向偏置或输入端处于绝缘状态，具有输入电阻高（$10^8 \sim 10^9 \Omega$）、噪声小、功耗低、动态范围大、易于集成、没有二次击穿现象、安全工作区域宽等优点，现已成为双极型晶体管的强大竞争者。场效应晶体管按结构分为结型场效应晶体管（JFET）和金属－氧化物－半导体场效应晶体管（MOSFET）两类。

1. 结型场效应晶体管的结构和符号

结型场效应晶体管是利用半导体内的电场效应工作的，分为 N 沟道和 P 沟道两种。在同一块 N 型半导体上制作两个高掺杂的 P 区，并将它们连在一起，所引出的电极叫栅极 G，N 型半导体的两端分别引出两个电极，一个称为漏极 D，另一个称为源极 S。P 区和 N 区的交界面形成耗尽层，漏极和源极间的非耗尽层区域称为导电沟道。由于 D、S 间存在电流通道，故称为 N 沟道结型场效应晶体管。P 沟道结型场效应晶体管是在一块 P 型半导体的两侧分别扩散出两个 N 型区，结构与 N 沟道型类似。它们的结构和电路符号如图 6-19 所示。

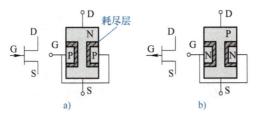

图 6-19 结型场效应晶体管的结构和符号

a）N 沟道　b）P 沟道

2. 结型场效应晶体管的工作原理

（1）在栅源间加负电压 E_G，令 $E_D=0$

当 $E_G=0$ 时，为平衡 PN 结，耗尽层最窄，导电沟道最宽；当 E_G 增大时，PN 结反偏，耗尽层变宽，导电沟道变窄，沟道电阻增大，如图 6-20a 所示；当 E_G 增大到一定值时，沟道会完全合拢。沟道电阻无穷大，此时 E_G 的值为夹断电压，如图 6-20b 所示。因此，栅源电压控制沟道电阻,进而改变漏极 D 与源极 S 之间的电流(如同漏斗一样,控制漏斗的口径,改变通过漏斗孔的流量)。

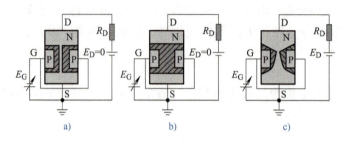

图 6-20 栅源电压对沟道的控制作用

a)耗尽层变宽 b)导电通道被耗尽层夹断 c)$E_D \neq 0$ 导电通道呈楔形

(2)在栅源间加负电压 E_G,令 $E_D \neq 0$

E_D 的存在,使得漏极 D 附近的电位高,而源极 S 附近的电位低,即沿 N 型导电沟道从漏极到源极形成一定的电位梯度,这样靠近漏极附近的 PN 结所加的反向偏置电压大,耗尽层宽;靠近源极附近的 PN 结反偏电压小,耗尽层窄,导电沟道成为一个楔形。

3. 结型场效应晶体管的特性曲线

(1)转移特性曲线

转移特性曲线是在一定的漏源电压 U_{DS} 下,栅源电压 U_{GS} 与漏极电流 I_D 之间的关系。当 $U_{GS}=0V$ 时,此时的 I_D 称为饱和漏极电流 I_{DSS},使 I_D 接近于零的栅极电压称为夹断电压 $U_{GS(off)}$,如图 6-21a 所示。

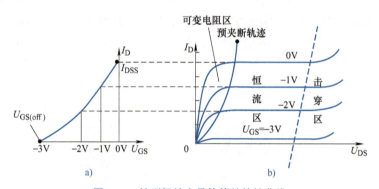

图 6-21 结型场效应晶体管的特性曲线

a)转移特性曲线 b)输出特性曲线

其中 I_D 公式如下:

$$I_D = I_{DSS}(1-U_{GS}/U_P)^2 \quad (U_P \leq U_{GS} \leq 0)$$

(2)输出特性曲线

输出特性曲线也称为漏极特性曲线,它是在 U_{GS} 一定时,U_{DS} 和 I_D 之间的关系曲线。可分为三个区域:可变电阻区、恒流区和击穿区,如图 6-21b 所示。

可变电阻区是因为在 $U_{DS}<|U_P|$ 的区域,I_D 随 U_{DS} 线性变化,而且其电阻随 U_{GS} 增大而减小,呈现出可变电阻特性。

恒流区中，当 U_{DS} 进一步增大时，I_D 基本不随 U_{DS} 的变化而变化，只受 U_{GS} 的控制而呈线性变化，如图 6-21b 所示，这也是场效应晶体管在模拟电子电路中的主要工作区域。

U_{DS} 一定时，漏极电流变化量 ΔI_D 与栅源电压变化量 ΔU_{GS} 之比称为场效应晶体管的跨导，用 g_m 表示。

$$g_m = \Delta I_D / \Delta U_{GS}$$

g_m 的单位是西门子（S），它反映了 U_{GS} 对 I_D 的控制能力。当 U_{DS} 继续增大时，由于反向偏置的 PN 结发生了击穿现象，I_D 突然上升。一旦管子进入击穿区，如不加限制将导致损坏。

4. 绝缘栅场效应晶体管

结型场效应晶体管的输入电阻虽然高达 $10^8 \sim 10^9 \Omega$，但在许多场合下还要求进一步提高。经过实践，人们在 1962 年制造出一种栅极处于绝缘状态的场效应晶体管，称为绝缘栅场效应晶体管，输入电阻为 $10^{15}\Omega$。目前应用最广泛的是一种以二氧化硅为绝缘层的场效应晶体管，这种管子称为金属 – 氧化物 – 半导体场效应晶体管（Metal Oxide Semiconductor FET，简称 MOSFET 或 MOS 管）。绝缘栅场效应晶体管可分为增强型和耗尽型两类。

（1）N 沟道增强型绝缘栅型场效应晶体管

N 沟道增强型绝缘栅场效应晶体管是以一块杂质浓度较低的 P 型半导体作衬底，在它上面扩散两个高浓度的 N 型区，各自引出一个源极 S 和漏极 D，在漏极和源极之间有一层绝缘层（SiO_2），在绝缘层上覆盖金属铝作为栅极 G，P 型半导体称为衬底，用符号 B 表示，其结构和符号如图 6-22 所示。

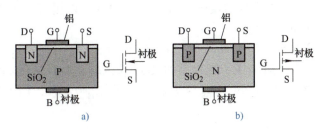

图 6-22 增强型绝缘栅场效应晶体管的结构与符号

a）N 沟道增强型　b）P 沟道增强型

如图 6-23 所示，当 $U_{GS}=0$，在 DS 间加上电压 U_{DS} 时，漏极 D 和衬底之间的 PN 结处于反向偏置状态，不存在导电沟道，故 DS 之间的电流 $I_D=0$。

当 U_{GS} 逐渐加大达到某一值（开启电压 U_T）时，由于电场的作用，栅极 G 与衬底之间将形成一个 N 型薄层，其导电类型与 P 型衬底相反，称为反型层。由于这个反型层的存在使得 DS 之间存在一个导电沟道，I_D 开始出现，而且沟道的宽度随 U_{GS} 的继续增大而增大，所以称为增强型场效应晶体管。它的特点是：当 $U_{GS}=0$，$I_D=0$ 时；当 $U_{GS}>U_T$ 时，$I_D>0$。

可见，增强型绝缘栅场效应晶体管的漏极电流 I_D

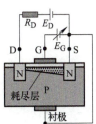

图 6-23 增强型绝缘栅场效应晶体管的工作原理

是受栅极电压 U_{GS} 控制的,它与结型场效应晶体管一样是电压控制型器件,所不同的是它必须在 U_{GS} 为正且大于 U_T 时才能工作。

(2) N 沟道耗尽型绝缘栅场效应晶体管

N 沟道耗尽型绝缘栅场效应晶体管与增强型相同,只是在 SiO_2 绝缘层中掺有大量的正离子,管子在 $U_{GS}=0$ 时就能在 P 型衬底上感应出一个 N 型反型层沟道,只要在 DS 间加上电压 U_{DS},就有漏极电流 I_D 产生。如果 $U_{GS}>0$,则沟道加宽,I_D 随之增大;反之,如果 $U_{GS}<0$,则沟道变窄,I_D 随之减小,这体现了栅极电压 U_{GS} 对漏极电流 I_D 的控制作用;如果 U_{GS} 负到一定数值则沟道彻底消失,$I_D=0$,所以称为耗尽型场效应晶体管,它在 U_{GS} 为正或负时都可以工作。图 6-24 所示的是 N 沟道和 P 沟道两种耗尽型绝缘栅场效应晶体管的结构和符号。

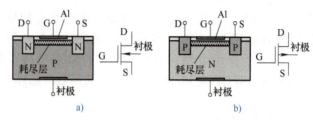

图 6-24　耗尽型绝缘栅场效应晶体管的结构和符号

a) N 沟道耗尽型　b) P 沟道耗尽型

5. 绝缘栅场效应晶体管的特性曲线

(1) 转移特性曲线

由于绝缘栅场效应晶体管分为增强型和耗尽型两种,这里仅以 N 沟道为例介绍绝缘栅场效应晶体管的特性曲线。

增强型 NMOS 管的转移特性曲线如图 6-25a 所示,$U_{GS}=0$ 时,$I_D=0$;只有当 $U_{GS}>U_T$ 时才能使 $I_D>0$,U_T 称为开启电压。耗尽型 NMOS 管的转移特性曲线如图 6-25b 所示,在 $U_{GS}=0$ 时,就有 I_D;若使 I_D 减小,U_{GS} 应为负值,当 $U_{GS}=U_P$ 时,沟道被关断,$I_D=0$,U_P 称为夹断电压。

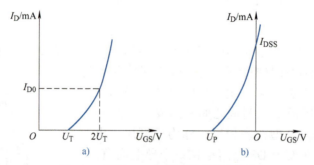

图 6-25　两种 NMOS 管的转移特性曲线

a) 增强型　b) 耗尽型

对于增强型 MOS,在 $U_{GS} \geqslant U_T$ 时(对应于输出特性曲线中的恒流区),I_D 和 U_{GS} 的关系为：$I_D = I_{D0}(U_{GS}U_T - 1)^2$，其中 I_{D0} 是 $U_{GS}=2U_T$ 时的 I_D 值。

耗尽型 MOS 管的转移特性与结型场效应晶体管的转移特性相似，所以在 $U_P \leq U_{GS} \leq 0$ 的范围内（对应于输出特性曲线中的恒流区），I_D 和 U_{GS} 的关系为 $I_D = I_{DSS}(1 - U_{GS}/U_P)^2$。所不同的是当 $U_{GS}>0$ 时，结型场效应晶体管的 PN 结将处于正向偏置状态而产生较大的栅极电流，这是不允许的；耗尽型 MOS 管由于 SiO_2 绝缘层的阻隔，不会产生 PN 结正向电流，而只能在沟道内感应出更多的负电荷，使 I_D 更大。

（2）输出特性曲线

绝缘栅场效应晶体管的输出特性曲线和结型场效应晶体管类似，同样也分成三个区：可调电阻区、恒流区（饱和区）、击穿区，含义与结型场效应晶体管相同，跨导 $g_m = \Delta I_D/\Delta U_{GS}$ 的定义及其含义也完全相同。

实践任务书 6-1　半导体的测试

1. 器材

二极管、晶体管各种型号若干；万用表 1 个。

2. 实践内容

（1）二极管的测试

用万用表测量其正反向电阻值来确定二极管的电极。测量时把万用表置于电阻 R×100 档或 R×1k 档。将万用表两表笔分别接二极管的两个电极，测出电阻值；然后更换二极管的电极，再测出电阻值。电阻值很小的那次测量，万用表的黑表笔相接的电极为二极管的正极，红表笔相接的电极为二极管的负极。

注意： 使用二极管时，必须注意极性不能接反，否则电路非但不能正常工作，还有毁坏管子和其他元器件的可能。

（2）晶体管的测试

可以用万用表对晶体管的电极、好坏作大致的判断。无论是基极和集电极之间的正向电阻，还是基极与发射极之间的正向电阻，都在几千欧姆到几兆欧姆的范围内，而反向电阻则趋近于无穷大。若测出的电阻无论正反向电阻值均为零，说明此晶体管内部已短路；若测出的电阻无论正反向电阻值均为无穷大，说明此晶体管内部已断路，晶体管已损坏。

测量判断方法为：用万用表的黑表笔接触某一管脚，用红表笔分别接触另外两个管脚，如果两次测得的阻值都很小，则黑表笔接触的那一个管脚就是基极，同时可知此晶体管是 NPN 型；若用万用表的红表笔接触某一管脚，用黑表笔分别接触另外两个管脚，如果两次测得的阻值都很小，则红表笔接触的那一个管脚就是基极，同时可知此晶体管是 PNP 型。当基极确定后（以 NPN 型晶体管为例），假设剩余的两个管脚中的一个为集电极，另一个为发射极，用手捏住假设的集电极和基极，将黑表笔接到假设的集电极管脚上，红表笔接到假设的发射极管脚上，观察表针的指示，并记住此时的电阻值。然后交换红、黑表笔的位置，做同样的测量记录，比较两次读数的大小，读数小的一次假设是正确的。

任务6.2 放大电路的分析与实践

6.2.1 基本放大电路的工作原理

放大电路是许多电子设备中必不可少的组成部分，在模拟电路中有特别重要的地位，放大电路的主要功能是放大信号，即将微弱信号增强到所需数值。如图6-26所示是共射极放大电路，该电路具有电流放大作用。通过R_C的作用，可以将电流的变化转换为输出电压的变化，从而使电路具有电压放大作用。但在这个电路中，只有在"u_i>死区电压"的条件下，即发射结处于正向偏置时，晶体管才具有放大作用。

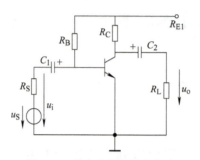

图6-26　基本共射极放大电路

它可以放大交流信号u_i，因为连接到u_S的偏置电阻R_B可以引入直流偏置，使发射结始终处于正向偏置，并提供大小适当的基极电流。电容C_1、C_2一方面起到交流耦合作用，沟通信号源、放大电路和负载三者之间的交流通路；另一方面又起到隔直作用，隔断信号源、放大电路和负载之间的直流通路，使三者之间无直流联系，互不影响。

整体来说，交流信号u_i通过电容C_1耦合并由偏置电阻R_B引入直流偏置后输入晶体管，经过晶体管的电流放大、R_C电阻的电流电压变换以及电容C_2的隔直耦合，输出即为放大后的交流信号u_o。电源u_S除了保证电路满足发射结正偏、集电结反偏的放大外部条件外，还是放大电路的能量来源。

需要注意的是，晶体管是放大电路中的放大元件，利用它的电流放大作用，在集电极电路获得放大了的电流，该电流受输入信号的控制。如果从能量观点来看，输入信号的能量是较小的，而输出的能量是较大的，但这不是说放大电路把输入的能量放大了。能量是守恒的，不能放大，输出的较大能量是来自直流电源。也就是能量较小的输入信号通过晶体管的控制作用，去控制电源所提供的能量，以在输出端获得一个能量较大的信号。这就是放大作用的实质，而晶体管也就是一个控制元件。

6.2.2 放大电路的分析方法

可以将放大电路分为直流通路、交流通路来分别进行静态和动态分析。当输入信号为零时（$u_i=0$），电路中各电压、电流都是直流量，放大电路处于直流工作状态或静止状态，简称为静态。由于静态时的电压和电流值可用晶体管特性曲线上的一个确定的点表示，故习惯称此点为静态工作点,用 Q 表示,一般由放大电路的直流通路用近似估算法求得。对于直流信号而言,电容相当于开路,则直流通路如图 6-27a 所示。当输入信号不等于零时,放大电路的工作状态称为动态。此时电路中既有直流量又有交流量。一般用放大电路的交流通路来分析其动态性能。对于交流信号而言,电压源 V_{CC} 和电容 C_1、C_2 都视为短路。则交流通路如图 6-27b 所示。

1. 共射极放大电路的静态分析

放大电路的静态分析有近似估算法和图解法两种。

(1) 用近似估算法确定静态工作点

如图 6-28 所示,可以得出:

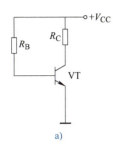
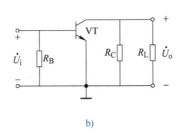
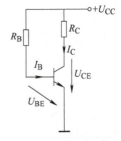

图 6-27 静态、动态时的放大电路　　　　图 6-28 放大电路的直流通路

$$I_B = \frac{U_{CC} - U_{BE}}{R_B} \approx \frac{U_{CC}}{R_B}$$

$$I_C = \beta I_B$$

$$U_{CE} = U_{CC} - I_C R_C$$

静态工作点与非线性失真的关系:
- 静态工作点太低,产生截止失真。减小 R_B 消除截止失真。
- 静态工作点太高,产生饱和失真。增大 R_B 消除饱和失真。
- 设置合适的静态工作点,可避免放大电路产生非线性失真。

(2) 用图解法确定静态工作点

1) 用估算法确定 I_B。

2) 确定直流负载线(图 6-29 中的红线)。

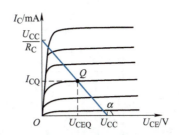

图 6-29 用图解法确定静态工作点

$$U_{CE} = V_{CC} - I_C R_C$$

这条直线方程的斜率为:$-1/R_C$

3）直流负载线与 $i_B=I_B$ 对应的那条输出特性曲线的交点 Q，即为静态工作点。

2. 共射极放大电路的动态分析

放大电路的主要性能指标如下：

1）电压放大倍数为

$$A = \frac{\dot{U}_o}{\dot{U}_i}$$

2）放大电路的输入电阻为

$$r_i = \frac{\dot{U}_i}{\dot{I}_i}$$

希望放大电路的输入电阻大一些。

3）放大电路的输出电阻为

$$r_o = \left.\frac{\dot{U}'_o}{\dot{I}'_o}\right|_{\dot{U}_S=0, R_L=\infty}$$

希望放大电路的输出电阻小一些。

4）最大输出幅度。

5）最大输出功率 P_o。

6）通频带。

6.2.3 多级放大电路

单个放大电路的放大倍数有限，因此往往需要两级以上放大电路串联起来使用。在多级放大电路中，每两个单级放大电路之间的连接方式称为耦合，分为以下四种：阻容耦合、直接耦合、变压器耦合、光电耦合。

图 6-30 所示为由一个分压偏置式共射放大电路和一个射极输出器组成的两级阻容耦合放大电路。其中，射极输出器除了可以降低整个电路的输出电阻外，由于其较高的输入电阻就是前级共射放大电路的负载电阻，根据共射放大电路电压放大倍数的计算公式可知，尽管射极输出器本身的电压放大倍数小于 1，但仍然可以提高前级放大倍数，从而提高整个放大电路的放大倍数。

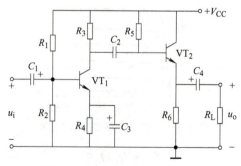

图 6-30 两级阻容耦合放大电路

6.2.4 集成运算放大器的分析

集成运算放大电路是一种具有高放大倍数、高输入阻抗、低输出电阻的直接耦合放大电路。在线性应用时，要加深度的负反馈电路才能工作。在非线性应用时，输出仅两种状态。

1. 理想运放电路线性应用的分析依据

1) $u_+ \approx u_-$，"虚短"概念。
2) $i_+ \approx i_- \approx 0$，"虚断"概念。

2. 放大电路中的反馈

（1）电压反馈和电流反馈的判断

将输出端负载短路，反馈信号不存在的是电压反馈；反馈信号仍存在的是电流反馈。图 6-31a 是电压反馈，图 6-31b 是电流反馈。

（2）串联反馈和并联反馈的判断

反馈信号与输入信号串联，并以电压的形式与输入信号比较，是电压反馈；反馈信号与输入信号并联，并以电流的形式与输入信号比较，是电流反馈。其等效电路如图 6-32 所示。

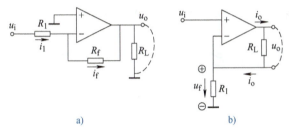

图 6-31　电压反馈和电流反馈

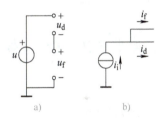

图 6-32　串联反馈与并联反馈的等效电路

（3）正、负反馈的判断

"瞬时极性法"可判断正、负反馈。从输入端开始假设瞬时极性（"+"或"-"），逐级判断各个相关点的极性，从而得到输出信号的极性和反馈信号的极性。若反馈信号使净输入信号减小是负反馈；若反馈信号使净输入信号增大是正反馈。

（4）运放电路的四种负反馈组态

运放电路的四种负反馈组态如图 6-33 所示。另外，要会判定分立元件电路的反馈组态形式。

（5）负反馈电路对放大电路的影响

负反馈使放大电路的电压放大倍数降低，但使放大电路的工作性能得到了提高和稳定。负反馈可改善非线性失真，展宽通频带等。

1) 输出电压与输出电流得到稳定。

电压负反馈具有稳定输出电压的作用；电流负反馈具有稳定输出电流的作用。

2) 对输入电阻和输出电阻的影响。

串联负反馈使输入电阻 r_i 增大；并联负反馈使输入电阻 r_i 减小。

电压负反馈可使输出电压基本稳定，致使输出电阻 r_o 减小；

电流负反馈可使输出电流基本稳定，致使输出电阻 r_o 增大。

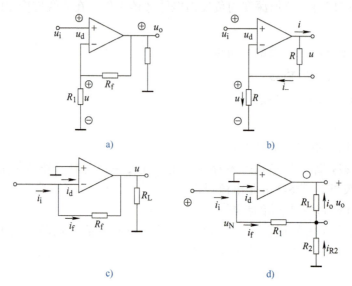

图 6-33 运放电路的四种负反馈组态

a）电压串联负反馈　b）电流串联负反馈　c）电压并联负反馈　d）电流并联负反馈

实践任务书 6-2　单级晶体管放大电路的实践

1. 器材

（1）晶体管万用表　　　　　　　　　　一块

（2）晶体管稳压电源　　　　　　　　　一台

（3）低频信号发生器　　　　　　　　　一台

（4）双通道示波器　　　　　　　　　　一台

（5）晶体管　　　　　　　　　　　　　一个

（6）电容　　　　　　　　　　　　　　两个

（7）电阻　　　　　　　　　　　　　　四个

（8）面包板　　　　　　　　　　　　　一块

（9）导线　　　　　　　　　　　　　　若干根

2. 实践内容

（1）按图 6-34 在实验台上接好实验电路，经指导教师检查同意后，方可接通电源。

（2）测量静态工作点

1）输入 V_i=5mV、f=1kHz 的交流信号，观察输出波形，调节 R_{P1} 使输出波形不出现失真。逐渐增大 V_i，同时调节

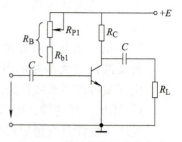

图 6-34 单级晶体管放大电路

R_{P1}，直到同时出现饱和与截止失真为止。此时静态工作点已调好，放大电路处于最大不失真工作状态。

2）撤去交流信号，用万用表测量静态工作点值 V_B、V_C 和 R_B（V_B、V_C 均为对地电位，测 R_B 时要关掉电源，去掉连线）。

（3）观察 R_B 变化对静态工作点、电压放大倍数和输出波形的影响。

1）保持静态工作点不变，输入 V_i=5mV、f=1kHz 的交流信号，测量输出电压 V_o，计算电压放大倍数 A_V。

2）逐渐减小 R_{P1}，观察输出波形的变化。当 R_{P1} 最小时，测其静态工作点。若输出波形仍不失真，测量 V_o，计算 A_V。

3）逐渐增大 R_{P1}，重复上述步骤。

（4）观察负载电阻 R_L 对电压放大倍数和输出波形的影响。

1）调节 R_{P1}，使放大器处于最大不失真工作状态。输出 V_i=5mV，f=1kHz 的交流信号，接负载电阻 R_L（27kΩ），观察输出波形，测量 V_o，计算 A_V，并与空载时 A_V 进行比较。

2）总结 R_B 和 R_L 变化对静态工作点、电压放大倍数和输出波形的影响。

3）计算电压放大倍数的估算值，与实测值进行比较。

实践任务书 6-3　集成功率放大器的测试

1. 器材

（1）双踪示波器　　　　　　　　一台
（2）函数信号发生器　　　　　　一台
（3）直流稳压电源　　　　　　　一台
（4）数字万用表　　　　　　　　一块
（5）LM741 集成运放　　　　　　一个
（6）电阻等其他附件　　　　　　若干

2. 实践内容

本实验采用 LM741（uA741）集成运算放大器，图 6-35 为其外引线图，各引脚功能如下：2——反相输入端；3——同相输入端；7——电源电压正端；4——电源电压负端；6——输出端；1、5——调零端。与外接电阻构成基本运算电路时，可对直流信号和交流信号进行放大。输出电压 V_o 与输入电压 V_i 的运算关系仅取决于外接反馈网络与输入的外接阻抗，而与运算放大器本身无关。

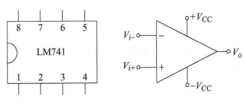

图 6-35　LM741

（1）电压跟随电路

实验电路如图 6-36 所示。

按表 6-1 内容实验并测试、记录。

表 6-1　不同输入电压 V_i 测得输出电压 V_o。

V_i/V		−2	−0.5	0	+0.5	1
V_o/V	$R_L= \infty$					
	$R_L=5k\Omega$					

（2）反相比例放大器

实验电路如图 6-37 所示。

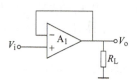

图 6-36　电压跟随电路

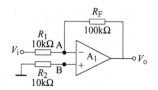

图 6-37　反相比例放大器

1）按表 6-2 内容实验并测试、记录。

表 6-2　不同输入电压 V_i 对应的输出电压 V_o

直流输入电压 V_i/mV		30	100	300	1000	3000
输出电压 V_o	计算值 /mV					
	测量值 /mV					

2）在反相输入端加入频率为 1kHz、幅值为 200mV 的正弦交流信号，用示波器观察输入、输出信号的波形及相位，并测出 V_i、V_o 的大小，记入表 6-2。

3）测量上限截止频率。

信号发生器输出幅度保持不变，如图 6-38 增大信号频率，当输出 V_o 幅度下降至原来的 0.707 倍时，记录信号发生器输出信号的频率，此频率即为上限截止频率，记入表 6-3。

表 6-3　输入电压 V_i=200mV 上限截止频率

交流输入电压 V_i/mV	输出电压 V_o	输入、输出波形及相位	上限截止频率
200mV 频率 1kHz			

（3）同相比例放大电路

电路如图 6-39 所示，按表 6-4 实验测量并记录。

（4）反相求和放大电路

实验电路如图 6-40 所示。按表 6-5 内容进行实验测试，并与预习计算进行比较。

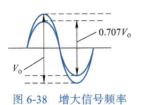

图 6-38　增大信号频率

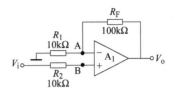

图 6-39　同相比例放大电路

表 6-4　不同输入电压 V_i 对应的输出电压 V_o

直流输入电压 V_i/mV		30	100	300	1000	3000
输出电压 V_o	计算值 /mV					
	测量值 /mV					

表 6-5　不同输入电压 V_i 对应的输出电压 V_o

V_{i1}/V	0.3	−0.3	0.7
V_{i2}/V	0.2	0.2	0.5
V_o/V			

（5）双端输入求和放大电路

实验电路如图 6-41 所示。按表 6-6 要求实验并测量、记录。

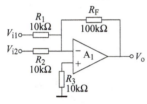

图 6-40　反相求和放大电路

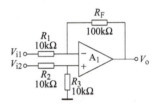

图 6-41　双端输入求和放大电路

表 6-6　不同输入电压 V_i 对应的输出电压 V_o

V_{i1}/V	1	2	0.2
V_{i2}/V	0.5	1.8	−0.2
V_o/V			

任务 6.3　设计与调试稳压电源电路

6.3.1　整流电路

1. 直流稳压电源的组成

常用的小功率半导体直流稳压电源系统由电源变压器、整流电路、滤波电路和稳压电路四部分组成，如图 6-42 所示为其原理框图与输出信号示意。其中变压是将进线交流电压按要求变换到所需要的二次电压；整流是将变压后的交流电转换为脉动直流电；滤波是将脉动直流中的交流成分滤除，减少交流成分，增加直流成分；稳压是采用负反馈技术，对整流后的直流电压进一步进行稳定。

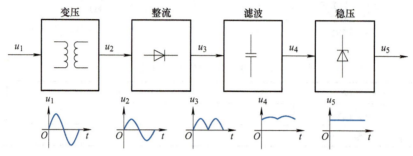

图 6-42　直流稳压电源的组成

利用具有单向导电性能的整流元件，将交流电转换成单向脉动直流电的过程称为整流。整流电路按输入电源相数，分为单相整流电路和三相整流电路。整流电路按输出波形，分为半波整流电路和全波整流电路。目前广泛使用的是桥式整流电路。

2. 单相半波整流电路

单相半波整流电路的电路图与波形图如图 6-43 所示。输出整流电压的平均值为

$$U_\mathrm{o} = \frac{1}{2\pi}\int_0^\pi \sqrt{2}U_2 \sin \omega t \, \mathrm{d}(\omega t) = \frac{\sqrt{2}}{\pi}U_2 = 0.45U_2$$

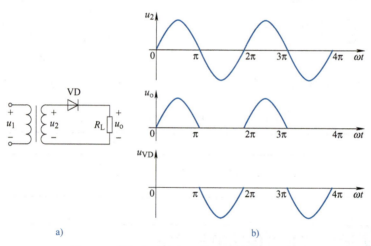

图 6-43　单相半波整流电路的电路图与波形图

a）电路　b）波形

流过负载电阻 R_L 的电流平均值为

$$I_\mathrm{o} = \frac{U_\mathrm{o}}{R_\mathrm{L}} = 0.45\frac{U_2}{R_\mathrm{L}}$$

流经二极管的电流平均值与负载电流平均值相等，即

$$I_{VD} = I_o = 0.45 \frac{U_2}{R_L}$$

二极管截止时承受的最高反向电压为 u_2 的最大值，即

$$U_{RM} = U_{2M} = \sqrt{2} U_2$$

3. 单相桥式整流电路

单相桥式整流电路如图 6-44a 所示，其简化画法如图 6-44b 所示，波形图如图 6-44c 所示。

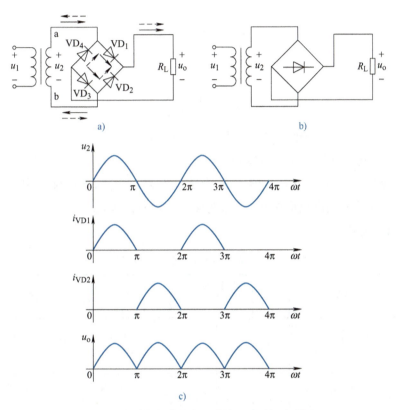

图 6-44 单相桥式整流电路的电路图与波形图
a）原理电路 b）简化画法 c）波形图

当正半周时，二极管 VD_1、VD_3 导通，在负载电阻上得到正弦波的正半周。
当负半周时，二极管 VD_2、VD_4 导通，在负载电阻上得到正弦波的负半周。
在负载电阻上正、负半周经过合成，得到的是同一个方向的单向脉动电压。
单相桥式整流电压的平均值为

$$U_o = \frac{1}{\pi} \int_0^\pi \sqrt{2} U_2 \sin \omega t \, d(\omega t) = 2\frac{\sqrt{2}}{\pi} U_2 = 0.9 U_2$$

流过负载电阻 R_L 的电流平均值为

$$I_o = \frac{U_o}{R_L} = 0.9\frac{U_2}{R_L}$$

流经每个二极管的电流平均值为负载电流的一半，即

$$I_{VD} = \frac{1}{2}I_o = 0.45\frac{U_2}{R_L}$$

每个二极管在截止时承受的最高反向电压为 u_2 的最大值，即

$$U_{RM} = U_{2M} = \sqrt{2}U_2$$

整流变压器二次电压有效值为

$$U_2 = \frac{U_o}{0.9} = 1.11U_o$$

整流变压器二次电流有效值为

$$I_2 = \frac{U_2}{R_L} = 1.11\frac{U_2}{R_L} = 1.11I_o$$

由以上计算，可以选择整流二极管和整流变压器。

4. 单相整流电路及其主要性能指标

设 U_2 为变压器二次电压有效值，R_L 为负载电阻，U_o 为电路输出电压的直流分量，U_{DRM} 为二极管承受的最高反向电压，I_{VD} 为流过二极管的电流平均值。单相整流电路及其主要性能指标见表 6-7。

表 6-7 单相整流电路及其主要性能指标

名称	电路	性能指标				特点
		U_o	I_o	I_{VD}	U_{DRM}	
半波整流		$0.45U_2$	U_o/R_L	I_o	$\sqrt{2}U_2$	电路简单，输出电压纹波大，变压器利用率低
桥式整流		$0.9U_2$	U_o/R_L	$I_o/2$	$\sqrt{2}U_2$	电路复杂，输出电压纹波小，变压器的利用率高。二极管承受的反向电压比全波整流电路低

6.3.2 滤波电路

1. 滤波电路的作用

滤波电路是利用电容、电感在电路中的储能作用及其对不同频率有不同电抗的特性来组成低通滤波电路，以减小输出电压中的纹波。

2. 电容滤波电路

单相桥式整流电容滤波电路如图 6-45 所示，本电路的外特性如图 6-46 所示。

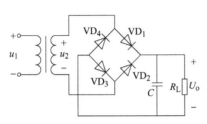

图 6-45　单相桥式整流电容滤波电路

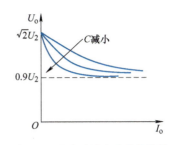

图 6-46　电容滤波电路的外特性

3. 电容滤波电路的特点

① 输出电压的平均值 U_o 大于变压器二次电压的有效值 U_2。当 $R_L C \geq (3\sim5)T/2$（T 为交流电压的周期）时，输出电压平均值 $U_o \approx 1.2 U_2$。

② 输出直流电压的大小受负载变化的影响较大，适用于负载不变或输出电流不大的场合。

③ 滤波电容越大，滤波效果越好。

④ 流过二极管的冲击电流较大，选择二极管的电流参数时应当留有 2～3 倍的裕量。

4. 电感滤波电路

电感滤波适用于负载电流较大的场合。它的缺点是制作复杂、体积大、笨重且存在电磁干扰。电感滤波电路如图 6-47 所示。

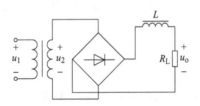

图 6-47　电感滤波电路

另外，除电容滤波电路外，还有电感滤波、RC-π 形滤波、LC-π 形滤波等电路。

6.3.3　硅稳压管稳压电路

1. 稳压电路的性能指标

（1）输入调整系数 S_{iu} 和电压调整率 S_u

输出电流和环境温度不变时，稳压电路输入电压变化 ΔU_i 对输出电压的影响

$$S_{iu} = \frac{\Delta U_o}{\Delta U_i} \times 100\%$$

$$S_u = \frac{\Delta U_o}{\Delta U_i \cdot U_o} \times 100\%$$

（2）输出电阻 R_o 和电流调整率

输入电压和环境温度不变时，稳压电路由于负载变化对输出电压的影响

$$R_o = \frac{\Delta U_o}{\Delta U_i}$$

$$S_i = \frac{\Delta U_o}{U_o} \times 100\%$$

2. 稳压原理

稳压二极管的原理如图 6-48 所示。

从图 6-49 的特性曲线可以看出,稳压二极管工作在击穿状态,电流变化范围大而电压几乎不变。通过负反馈用电阻 R 上的压降来调整输出电压,使其达到稳定作用。输出电压 $U_o=U_Z$(稳压管的稳压值)。

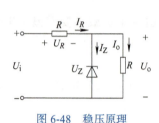

图 6-48 稳压原理

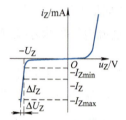

图 6-49 稳压二极管特性曲线

3. 限流电阻的选择

稳压管稳压限流电阻是不可少的。选择限流电阻主要考虑稳压管工作电流的允许范围 $I_{Zmin} \leq I_Z \leq I_{Zmax}$

由于 $I_Z = I_R - I_o = \dfrac{U_i - U_Z}{R} - I_o$

所以 $I_{Zmin} = \dfrac{U_{imin} - U_Z}{R_{max}} - I_{omax}$ (I_{Zmin} 发生在输入电压最小、限流电阻最大和输出电流最大时)

解得:$R_{max} = \dfrac{U_{imin} - U_Z}{I_{Zmin} + I_{omax}}$

而 $I_{Zmax} = \dfrac{U_{imax} - U_Z}{R_{min}} - I_{omin}$ (I_{Zmax} 发生在输入电压最大、限流电阻最小和输出电流最小时)

解得:$R_{min} = \dfrac{U_{imax} - U_Z}{I_{Zmax} + I_{omin}}$

一般选择 $R_{min} \leq R \leq R_{max}$。

6.3.4 串联型稳压电路

1. 串联型稳压电路的组成与工作原理

引起输出电压变化的原因是负载电流的变化和输入电压的变化,将不稳定的直流电压变换成稳定且可调的直流电压的电路称为直流稳压电路。其中串联型稳压电路是通过调整管与负载串联来实现；而并联型稳压电路则是通过调整管与负载并联来实现。图 6-50 所示为串联型稳压电路的组成与原理图。

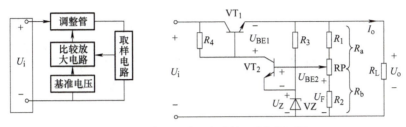

图 6-50 串联型稳压电路的组成与原理图

图 6-50 所示电路的组成及各部分的作用如下：

（1）取样环节

由 R_1、RP、R_2 组成的分压电路构成，它将输出电压 U_o 分出一部分作为取样电压 U_F，送到比较放大环节。

（2）基准电压

由稳压二极管 VZ 和电阻 R_3 构成的稳压电路组成，它为电路提供一个稳定的基准电压 U_Z，作为调整、比较的标准。

（3）比较放大环节

由 VT_2 和 R_4 构成的直流放大器组成，其作用是将取样电压 U_F 与基准电压 U_Z 之差放大后去控制调整管 VT_1。

（4）调整环节

由工作在线性放大区的功率管 VT_1 组成，VT_1 的基极电流 I_{B1} 受比较放大电路输出的控制，它的改变又可使集电极电流 I_{C1} 和集、射电压 U_{CE1} 改变，从而达到自动调整、稳定输出电压的目的。

$$U_o\uparrow \to U_F\uparrow \to I_{B2}\uparrow \to I_{C2}\uparrow \to U_{C2}\downarrow \to I_{B1}\downarrow \to U_{CE1}\uparrow$$
$$U_o\downarrow \leftarrow$$

2. 电路的输出电压

设 VT_2 发射结电压 U_{BE2} 可忽略，则：

$$U_F = U_Z = \frac{R_b}{R_a + R_b}U_o$$

或：

$$U_o = \frac{R_a + R_b}{R_b}U_Z$$

用电位器 RP 即可调节输出电压 U_o 的大小，但 U_o 必定大于或等于 U_Z。

6.3.5 线性集成稳压器

1. 三端固定集成稳压器的特点

三端固定集成稳压器包含 7800 和 7900 两大系列，7800 系列是三端固定正输出稳压器，7900系列是三端固定负输出稳压器。它们的最大特点是稳压性能良好、外围元器件简单、安装调试方便、价格低廉，现已成为集成稳压器的主流产品。7800系列按输出电压分有5V、6V、9V、12V、15V、18V、24V等品种；按输出电流分有0.1A、0.5A、1.5A、3A、5A、10A等产品；具体型号及电流大小见表6-8。例如型号为7805的三端集成稳压器，表示输出电压为5V，输出电流可达1.5A。注意所标注的输出电流是要求稳压器在加入足够大的散热器条件下得到的。同理，7900系列的三端稳压器也有-5V、-6V、-9V、-12V、-15V、-18V、-24V七种输出电压，输出电流有0.1A、0.5A、1.5A三种规格，具体型号见表6-9。

表6-8 CW7800系列稳压器规格

型号	输出电流/A	输出电压/V
78L00	0.1	5、6、9、12、15、18、24
78M00	0.5	5、6、9、12、15、18、24
7800	1.5	5、6、9、12、15、18、24
78T00	3	5、12、18、24
78H00	5	5、12
78P00	10	5

表6-9 CW7900系列稳压器规格

型号	输出电流/A	输出电压/V
79L00	0.1	-5、-6、-9、-12、-15、-18、-24
79M00	0.5	-5、-6、-9、-12、-15、-18、-24
7900	1.5	-5、-6、-9、-12、-15、-18、-24

7800系列属于正电压输出，即输出端对公共端的电压为正。根据集成稳压器本身功耗的大小，其封装形式分为TO-220塑料封装和TO-3金属壳封装，二者的最大功耗分别为10W和20W（加散热器）。引脚排列如图6-51a所示。U_i为输入端，U_o为输出端，GND是公共端（地）。三者的电位分布如下：$U_i > U_o > U_{GND}$（0V）。最小输入-输出电压差为2V，为可靠起见，一般应选4～6V。最高输入电压为35V。

7900系列属于负电压输出，输出端对公共端呈负电压。7900与7800的外形相同，但引脚排列顺序不同，如图6-51b所示。7900的电位分布为：U_{GND}（0V）$> -U_o > -U_i$。另外在使用7800与7900时要注意，采用TO-3封装的7800系列集成电路，其金属外壳为地端；而同样封装的7900系列的稳压器，其金属外壳是负电压输入端。因此，在由二者构成多路稳压电源时，若将7800的外壳接印制电路板的公共地，7900

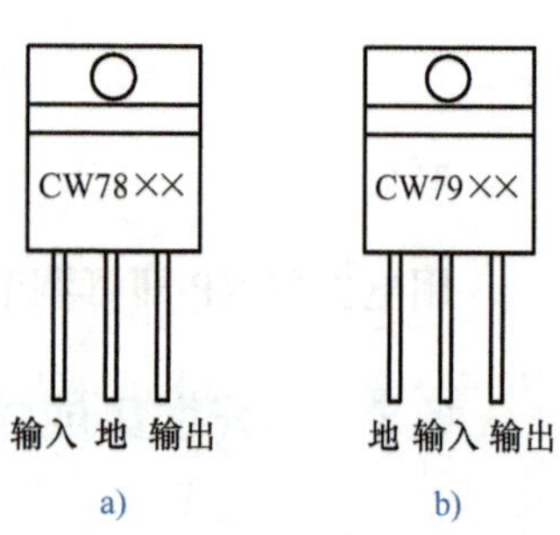

图6-51 三端固定输出集成稳压器引脚排列

的外壳及散热器就必须与印制电路板的公共地绝缘，否则会造成电源短路。

2. 应用中需要注意的几个问题

（1）改善稳压器工作稳定性和瞬变响应的措施

三端固定集成稳压器的典型应用电路如图 6-52 所示。图 6-52a 适合 7800 系列，U_i、U_o 均是正值；图 6-52b 适合 7900 系列，U_i、U_o 均是负值；其中 U_i 是整流滤波电路的输出电压。在靠近三端集成稳压器输入、输出端处，一般要接入 $C_1=0.33\mu F$ 和 $C_2=0.1\mu F$ 电容，其目的是使稳压器在整个输入电压和输出电流变化范围内，提高其工作稳定性和改善瞬变响应。为了获得最佳的效果，电容应选用频率特性好的陶瓷电容或钽电容为宜。另外，为了进一步减小输出电压的纹波，一般在集成稳压器的输出端并入一几百微法的电解电容。

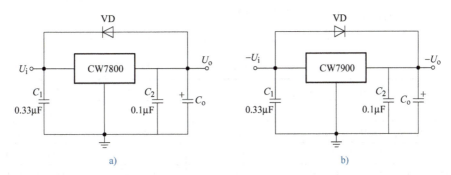

图 6-52 三端固定集成稳压器的典型应用电路

a）CW7800 系列稳压器的典型应用　b）CW7900 系列稳压器的典型应用

（2）确保不毁坏器件的措施

三端固定集成稳压器内部具有完善的保护电路，一旦输出发生过载或短路，可自动限制器件内部的结温不超过额定值。但若器件使用条件超出其规定的最大限制范围或应用电路设计处理不当，也是要损坏器件的。例如，当输出端接比较大的电容时（$C_o>25\mu F$），一旦稳压器的输入端出现短路，输出端电容上储存的电荷将通过集成稳压器内部调整管的发射极 – 基极 PN 结泄放电荷，因大容量电容释放能量比较大，故也可能造成集成稳压器损坏。为防止这一点，一般在稳压器的输入和输出之间跨接一个二极管（图 6-52），稳压器正常工作时，该二极管处于截止状态，当输入端突然短路时，二极管为输出电容器 C_o 提供泄放通路。

（3）稳压器输入电压值的确定

集成稳压器的输入电压虽然受到最大输入电压的限制，但为了使稳压器工作在最佳状态及获得理想的稳压指标，该输入电压也有最小值的要求。输入电压 U_i 的确定，应考虑如下因素：稳压器输出电压 U_o；稳压器输入和输出之间的最小压差 $(U_i-U_o)_{min}$；稳压器输入电压的纹波电压 U_{RIP}，一般取 U_o、$(U_i-U_o)_{min}$ 之和的 10%；电网电压的波动引起的输入电压的变化 ΔU_i，一般取 U_o、$(U_i-U_o)_{min}$、U_{RIP} 之和的 10%。对于集成三端稳压器，$(U_i-U_o)=2\sim10V$ 具有较好的稳压输出特性。例如，对于输出为 5V 的集成稳压器，其最小输入电压 U_{imin} 为

$$U_{imin} = U_o + (U_i-U_o)_{min} + U_{RIP} + \Delta U_i = (5+2+0.7+0.77)V \approx 8.5V$$

6.3.6 三端可调集成稳压器

三端固定输出集成稳压器主要用于固定输出标准电压值的稳压电源中。虽然通过外接电路元件也可构成多种形式的可调稳压电源,但稳压性能指标有所降低。集成三端可调稳压器的出现,可以弥补三端固定集成稳压器的不足。它不仅保留了固定输出稳压器的优点,而且在性能指标上有很大的提高。它分为CW317(正电压输出)和CW337(负电压输出)两大系列,每个系列又有100mA、0.5A、1.5A、3A等种类,应用十分方便。就CW317系列与CW7800系列产品相比,在同样的使用条件下,静态工作电流I_Q从几十毫安下降到50μA,电压调整率S_V由0.1%/V达到0.02%/V,电流调整率S_I从0.8%提高到0.1%。三端可调集成稳压器的产品分类见表6-10。

CW317系列、CW337系列集成稳压器的引脚排列及封装型式如图6-53所示。

表6-10 三端可调集成稳压器规格

特点	国产型号	最大输出电流/A	输出电压/V	对应国外型号
正电压输出	CW117L/217L/317L	0.1	1.2～37	LM117L/217L/317L
	CW117M/217M/317M	0.5	1.2～37	LM117M/217M/317M
	CW117/217/317	1.5	1.2～37	LM117/LM217/317
	CW117HV/217HV/317HV	1.5	1.2～57	LM117HV/217HV/317HV
	W150/250/350	3	1.2～33	LM150/250/350
	W138/2138/338	5	1.2～32	LM138/238/338
	W196/296/396	10	1.25～15	LM196/296/396
负电压输出	CW137L/237L/337L	0.1	−1.2～−37	LM137L/2137L/337L
	CW137M/237M/337M	0.5	−1.2～−37	LM137M/237M/337M
	CW137/237/337	1.5	−1.2～−37V	LM137/237/337

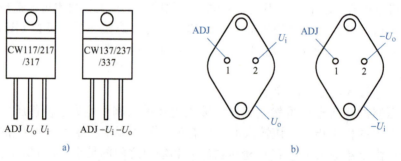

图6-53 三端可调集成稳压器引脚排列图

a) TO-220 封装 b) TO-3 封装

CW317、CW337系列三端可调稳压器使用非常方便,只要在输出端上外接两个电阻,即可获得所要求的输出电压值。它们的标准应用电路如图6-54所示,其中图6-54a是CW317系列正电压输出的标准电路;图6-54b是CW337系列负电压输出的标准电路。

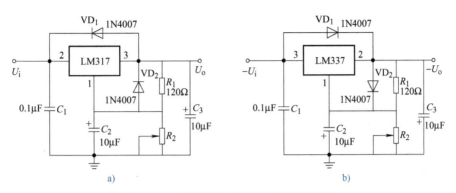

图 6-54 三端可调集成稳压器的典型应用

a）CW317 系列三端可调稳压器典型应用电路　b）CW337 系列三端可调稳压器典型应用电路

在图 6-54a 所示的电路中，输出电压的表达式为

$$U_o = 1.25 \times \left(1 + \frac{R_2}{R_1}\right) + 50 \times 10^{-6} \times R_2 \approx 1.25 \times \left(1 + \frac{R_2}{R_1}\right)$$

式中，第二项是 CW317 的调整端流出的电流在电阻 R_2 上产生的压降。由于电流非常小（仅为 50μA），故第二项可忽略不计。

在空载情况下，为了给 CW317 的内部电路提供回路，并保证输出电压的稳定，电阻 R_1 不能选得过大，一般选择 $R_1=100 \sim 120\Omega$。电容 C_2 并联在旁路电阻 R_2 上，改善稳压器输出的纹波，起到抑制作用。一般 C_2 的取值在 10μF 左右。

6.3.7 开关稳压电源概述

图 6-55 画出了开关稳压电源的原理图及等效原理框图，它是由全波整流器、开关管 VT、励磁信号、续流二极管 VD、储能电感 L 和滤波电容 C 组成。

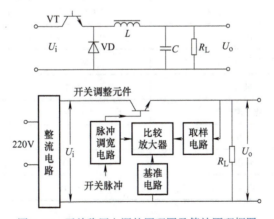

图 6-55 开关稳压电源的原理图及等效原理框图

1. 开关电源特点

调整管工作在开关状态；

转换效率高，一般可达 65% ～ 90%；

体积小、重量轻；

稳压范围宽，电网电压可在 130 ～ 256V 波动。

2. 开关电源缺点

存在尖峰干扰与电磁干扰；

输出纹波电压较大；

控制电路复杂。

3. 开关电源类型

按调整管与负载的连接方式：串联型开关稳压电路、并联型开关稳压电路。

按调整管基极脉冲占空比控制方式：脉宽控制、频率控制、混合控制。

按脉冲源产生电路：自激式、他励式。

4. 开关稳压电源的工作原理

开关电源用脉冲占空比控制电路的输出矩形波，来控制调整管的饱和与截止时间，从而稳定输出电压。

当输出电压较低时：调整管饱和，输出电压升高。

当输出电压较高时：调整管截止，由续流电路维持负载电流，输出电压下降。

实践任务书 6-4　直流稳压电源的设计与调试

1. 器材（表 6-11）

表 6-11　器材清单

元器件序列号	元器件	主要参数	数量	备注
1	电源变压器	220V/15V 50Hz	1	
2	电解电容 C_1	2200μF/50V	1	
3	电容 C_2	0.33μF/50V	1	
4	三端可调稳压器	LM317	1	
5	二极管 VD	IN4007	6	
6	电位器 RP	5.1kΩ	1	
7	电阻 R_1	120Ω	1	
8	电解电容 C_3	10μF/50V	1	
9	电容 C_4	100μF/50V	1	

2. 实践内容

1）按图 6-56 进行元器件焊接、连线。

2）进行调试，并检测相关点位电压。

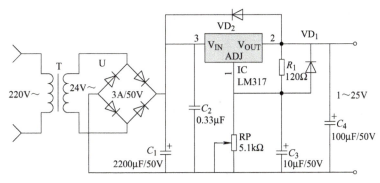

图 6-56 直流稳压电源电路

思考与练习

6.1 判断下列说法是否正确，用"√"和"×"表示判断结果并填入空内。
（1）如果在 N 型半导体中掺入足够量的三价元素，可将其改型为 P 型半导体。（ ）
（2）因为 N 型半导体的多子是自由电子，所以它带负电。（ ）
（3）PN 结在无光照、无外加电压时，结电流为零。（ ）
（4）处于放大状态的晶体管，集电极电流是多子漂移运动形成的。（ ）
（5）结型场效应晶体管外加的栅源电压应使栅源间的耗尽层承受反向电压，才能保证其 R_{GS} 大的特点。（ ）
（6）若耗尽型 N 沟道 MOS 管的 U_{GS} 大于零，则其输入电阻会明显变小。（ ）

6.2 选择正确答案填入空内。
（1）PN 结加正向电压时，空间电荷区将（ ）。
A. 变窄 B. 基本不变 C. 变宽
（2）设二极管的端电压为 U，则二极管的电流方程是（ ）。
A. $I_S e^U$ B. $I_S e^{U/U_T}$ C. $I_S(e^{U/U_T}-1)$
（3）稳压管的稳压区是其工作在（ ）。
A. 正向导通 B. 反向截止 C. 反向击穿
（4）当晶体管工作在放大区时，发射结电压和集电结电压应为（ ）。
A. 前者反偏、后者也反偏
B. 前者正偏、后者反偏
C. 前者正偏、后者也正偏
（5）$U_{GS}=0V$ 时，能够工作在恒流区的场效应晶体管有（ ）。
A. 结型管 B. 增强型 MOS 管 C. 耗尽型 MOS 管

6.3 写出图 6-57 所示各电路的输出电压值，设二极管导通电压 $U_D=0.7V$。

6.4 晶体管组成电路如图 6-58a～f 所示，试判断这些电路能不能对输入的交流信号进行正常放大，并说明理由。

6.5 什么是整流？整流输出的电压与恒稳直流电压、交流电压有什么不同？

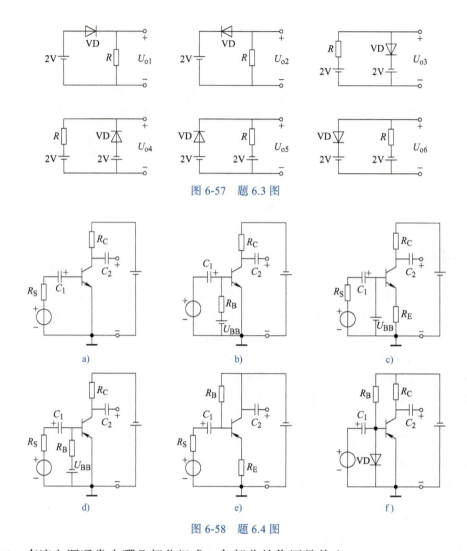

图 6-57 题 6.3 图

图 6-58 题 6.4 图

6.6 直流电源通常由哪几部分组成？各部分的作用是什么？

6.7 在图 6-59 所示的电路中，已知 $R_L=8\text{k}\Omega$，直流电压表 V_2 的读数为 110V，二极管的正向压降忽略不计，求：

（1）直流电流表 A 的读数；

（2）整流电流的最大值；

（3）交流电压表 V_1 的读数。

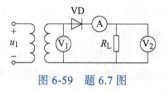

图 6-59 题 6.7 图

6.8 设一半波整流电路和一桥式整流电路的输出电压平均值和所带负载大小完全相同，均不加滤波，试问两个整流电路中整流二极管的电流平均值和最高反向电压是否相同？

6.9 在单相桥式整流电路中，已知变压器二次电压有效值 U_2=60V，R_L=2kΩ，若不计二极管的正向导通压降和变压器的内阻，求：(1) 输出电压平均值 U_o；(2) 通过变压器二次绕组的电流有效值 I_2；(3) 确定二极管的 I_o、U_{DRM}。

6.10 电容滤波的原理是什么？为什么用电容滤波后二极管的导通时间大大缩短？

6.11 单相桥式整流、电容滤波电路，已知交流电源频率 f=50Hz，要求输出直流电压和输出直流电流分别为 U_o=30V，I_o=150mA，试选择二极管及滤波电容。

项目 7　逻辑控制电路的实现

项目导读

在控制电路中，电路的输入信号与输出信号之间存在一定的逻辑关系。实现这种逻辑关系的数字电路称为逻辑电路。逻辑门电路是构成数字电路的基本单元电路。最基本的门电路有与、或、非、与非、或非、与或非、异或等常用逻辑门电路。组合逻辑电路则是指在任何时刻，输出状态只取决于同一时刻各输入状态的组合，而与电路以前的状态无关。与组合逻辑电路并驾齐驱的时序逻辑电路，其显著特点就是，电路中的任何一个时刻的输出状态不仅取决于当时的输入信号，还与电路原来的状态有关。构成时序逻辑电路的基本单元为触发器。

❖ **知识目标：**

掌握门电路的逻辑功能、真值表和逻辑符号；

掌握双稳态触发器的逻辑功能；

掌握计数器电路；

了解 555 定时电路的基本原理。

❖ **能力目标：**

能识别并判断常见的门电路；

能用门电路搭建组合逻辑电路；

能判别双稳态触发器的输出电路状态；

能用 555 定时器来设计简单的电子电路。

❖ **素养目标：**

具有严谨的工程逻辑思维和协同合作精神；

具有科学精神、文化自信和刻苦拼搏的精神；

具有攀登科学高峰的责任感和使命感。

任务 7.1　组合逻辑电路的设计

7.1.1　数字信号与数字电路

1. 数字信号

数字信号是脉冲信号，持续时间短暂。在数字电路中，最常见的数字信号是矩形波和尖顶波，如图 7-1 所示。实际的波形并不是那么理想，图 7-2 为实际的矩形波。以矩形波为例，数字信号即脉冲的基本参数如下：

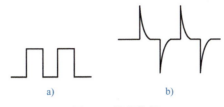

图 7-1　数字信号

a）矩形波　b）尖顶波

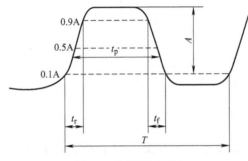

图 7-2　实际的矩形波

1）脉冲幅度 A：脉冲信号变化的最大值。
2）脉冲上升时间 t_r：从脉冲 10% 的幅度上升到 90% 所需的时间。
3）脉冲下降时间 t_f：从脉冲 90% 的幅度下降到 10% 所需的时间。
4）脉冲宽度 t_p：从上升沿 50% 幅度到下降沿 50% 幅度所需的时间。
5）脉冲周期 T：周期性脉冲信号前后两次出现的间隔时间。
6）脉冲频率 f：单位时间内的脉冲数，$f=1/T$。

数字电路中没有脉冲信号时的状态称为静态，静态时的电压值可以为正、为负或为零（一般在 0V 左右）。脉冲出现时电压大于静态电压值称为正脉冲，小于静态电压值称为负脉冲，如图 7-3 所示。

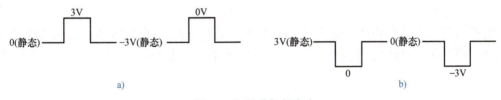

图 7-3　正脉冲与负脉冲

a）正脉冲　b）负脉冲

2. 数字电路

数字电路通常是根据脉冲信号的有无、个数、频率、宽度来进行工作的，而与脉冲幅度无关，所以抗干扰能力强，准确度高。虽然数字信号的处理电路比较复杂，但因信号本身波形十分简单，它只有两种状态：有或无，在电路中具体表现为高电位和低电位（通常用 1 和 0 表示），所以用于数字电路的晶体管不是工作在放大状态而是工作在开关状态，要么饱和导通，要么截止。因此制作时要求低、功耗小，易于集成化，随着数字集成电路制作技术的发展，数字电路获得了广泛的应用。

7.1.2 基本门电路

在数字电路中，电路的输入信号与输出信号之间存在一定的逻辑关系。实现这种逻辑关系的数字电路称为逻辑电路。

在数字逻辑电路中，只有两种相反的工作状态——高电平与低电平，分别用"1"和"0"表示。对应正逻辑关系，开关接通为"1"，断开为"0"；灯亮为"1"，暗为"0"；晶体管截止为"1"，饱和为"0"。本书采用正逻辑关系。

数字电路中，用以实现一定逻辑关系的电路称为逻辑门电路，简称门电路。门电路可以用二极管、晶体管等分立器件组成，也可以用集成电路实现，称为集成门电路。数字电路中的基本逻辑关系有三种，即"与""或""非"。与其对应的基本门电路有"与门""或门""非门"三种。

1. 与门

如图 7-4a 所示为与逻辑关系图。开关 A 与 B 串联后控制指示灯 Y，只有当 A 与 B 都闭合时（全为"1"时），灯 Y 才亮（为"1"）；A 与 B 中只要一个断开（为"0"），则灯 Y 不亮（为"0"）。Y 与 A、B 的这种关系称为与逻辑。

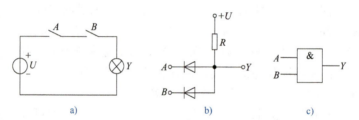

图 7-4 与逻辑关系图

"与"逻辑关系又称逻辑乘，其表达式为

$$Y=A \cdot B=AB \tag{7-1}$$

实现与逻辑关系的电子电路称为与门电路，简称与门，图 7-4b 为由二极管组成的与门电路。图 7-4c 为与门的逻辑符号，与门为多入单出门电路，对于有多个输入端的与逻辑可用下式表示：

$$Y=ABCD \cdot \cdots$$

与逻辑除用式（7-1）表示外，也可用逻辑状态真值表来表示，见表 7-1。根据真值表可画出与门逻辑功能波形图，如图 7-5 所示。

由与门真值表和逻辑表达式可以得出逻辑乘的运算规律为

$$0 \cdot 0=0 \quad 0 \cdot 1=0 \quad 1 \cdot 0=0 \quad 1 \cdot 1=1$$

逻辑功能总结为："有 0 出 0，全 1 出 1"。

表 7-1 与门真值表

A	B	Y
0	0	0
1	0	0
0	1	0
1	1	1

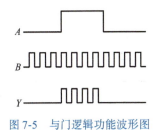

图 7-5 与门逻辑功能波形图

与门电路一般用来控制信号的传送。例如有一个二输入端与门，如果在 A 端输入一个控制信号，B 端输入一个持续的脉冲信号，如图 7-5 中，只有当 $A=1$ 时，B 信号才能通过，在 Y 端得到输出信号，此时相当于与门被打开；当 $A=0$ 时，与门被封锁，信号 B 不能通过。

目前常用的与门集成电路有 74LS08，它的内部有四个二输入与门电路，图 7-6 为其外引脚图和逻辑图。

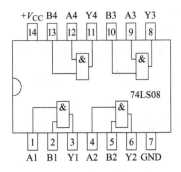

图 7-6 四个二输入与门 74LS08

2. 或门

如图 7-7a 所示为或逻辑关系图，在电路中，两开关 A、B 并联后控制指示灯 Y。只要 A 或 B 有一个接通（为"1"），灯 Y 就亮（为"1"）；而 A、B 全断开时（全为"0"），Y 才不亮（为"0"）。Y 与 A、B 的这种关系称为或逻辑。

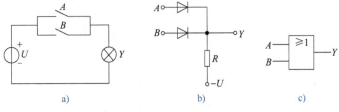

图 7-7 或门电路

或逻辑关系又称为逻辑加，其表达式为

$$Y=A+B \tag{7-2}$$

实现或逻辑关系的电路称为或门电路，简称或门。

如图 7-7b 所示为由二极管组成的或门电路，如图 7-7c 所示为或门的逻辑符号。或门的真值表见表 7-2。

根据表 7-2，可画出或门逻辑功能波形图，如图 7-8 所示。

表 7-2 或门真值表

A	B	Y
0	0	0
1	0	1
0	1	1
1	1	1

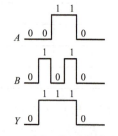

图 7-8 或门逻辑功能波形图

由或门真值表和逻辑表达式，可得出逻辑加的运算规律为

$$0+0=0 \quad 0+1=1 \quad 1+0=1 \quad 1+1=1$$

逻辑功能总结为："有 1 出 1，全 0 出 0"。

同样，或门输入变量可以是多个，如：$Y=A+B+C+\cdots$。

或门电路常用于两路防盗报警电路。如图 7-9 所示，S_1 和 S_2 为微动开关，可装在门和窗上，门和窗都关上时，S_1 和 S_2 闭合接地，报警灯不亮。如果门或窗任何一个被打开，相应的微动开关断开，接高电平，使报警灯亮；若在输出端接音响电路，则可实现声光同时报警。

目前常用或门集成电路有 74LS32，它的内部有四个二输入的或门电路，如图 7-10 所示为其外引脚和逻辑图。

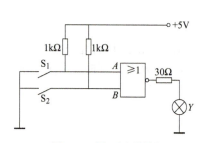

图 7-9 或门应用举例

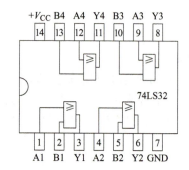

图 7-10 四个二输入或门 74LS32

3. 非门

如图 7-11a 所示为非逻辑关系图，开关 A 与灯 Y 并联。当开关 A 接通（为 "1"）时，灯 Y 不亮（为 "0"）；当 A 断开（为 "0"）时，灯 Y 亮（为 "1"），Y 与 A 的状态相反。这种关系称为非逻辑，非逻辑关系也叫逻辑非，其表达式为

$$Y = \overline{A} \tag{7-3}$$

如图 7-11b 所示为由晶体管组成的非门电路。在电路中，晶体管工作在饱和状态或截止状态。当 A 为低电平（即 0）时，晶体管截止，相当于开路，输出端 Y 为接近 U 的高电平，即为 1；当 A 为高电平（一般为 3V，即 1）时，晶体管处于饱和状态，饱和电压

U_{CES}=0.3V，C、E间相当于短路，输出端Y为0。

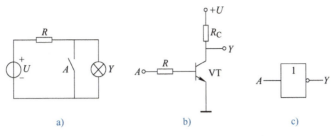

图 7-11 非门电路

如图7-11c所示为非门逻辑符号。其非门逻辑状态真值表见表7-3。

由表7-3和式（7-3），可得出逻辑非的运算规律，即：$\bar{0}=1, \bar{1}=0$。

非门电路常用于对信号波形的整形和倒相的电路中。常用的非门电路有74LS04，如图7-12所示为其外引脚和逻辑图。

表 7-3 非门真值表

A	Y
0	1
1	0

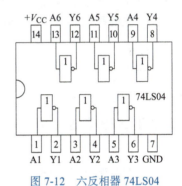

图 7-12 六反相器 74LS04

7.1.3 复合门电路

在实际使用中，可以将上述基本逻辑门电路组合起来，构成常用的组合逻辑电路，以实现各种逻辑功能。如将与门、或门、非门经过简单组合，可构成另一些复合逻辑门。常用的复合逻辑门有"与非门""或非门""异或门"等。

1. 与非门

在一个与门的输出端接一个非门，就可完成"与"和"非"的复合运算（先求"与"，再求"非"），称为"与非"运算。实现与非复合运算的电路称为与非门。

与非门逻辑符号如图7-13所示。与非门的逻辑表达式为

$$Y = \overline{A \cdot B} \tag{7-4}$$

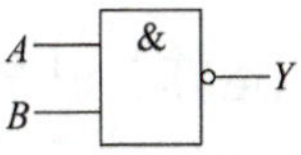

图 7-13 与非门逻辑符号

与非门逻辑状态表见表7-4。由表7-4可知，与非门电路的特点是："有0出1，全1

出 0"。

常用的集成与非门电路有 74LS00，它内部有四个二输入与非门电路。它的外引脚图和逻辑图如图 7-14 所示。

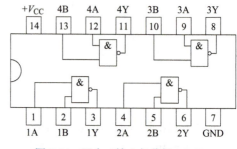

表 7-4 与非门真值表

A	B	Y
0	0	1
0	1	1
1	0	1
1	1	0

图 7-14 四个二输入与非门 74LS00

2. 或非门

在一个或门的输出端接一个非门，则可构成实现"或非"复合运算的电路，称为或非门。或非门逻辑符号如图 7-15 所示。

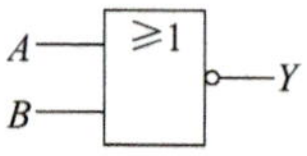

图 7-15 或非门逻辑符号

或非门的逻辑表达式为

$$Y = \overline{A + B} \tag{7-5}$$

或非门的逻辑状态见表 7-5。由表 7-5 可知，或非门电路的特点是："有 1 出 0，全 0 出 1"。

常用的集成或非门电路有 74LS02，它内部有四个二输入或非门电路。它的外引脚和逻辑图如图 7-16 所示。

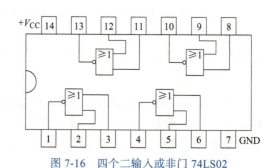

表 7-5 或非门真值表

A	B	Y
0	0	1
0	1	0
1	0	0
1	1	0

图 7-16 四个二输入或非门 74LS02

3. 异或门

式 $Y = A\overline{B} + \overline{A}B$ 的逻辑运算称为异或运算。记作：

$$Y = A \oplus B = A\overline{B} + \overline{A}B \tag{7-6}$$

如图 7-17 所示为异或门逻辑符号。异或门电路的特点是："同则出 0，不同出 1"。

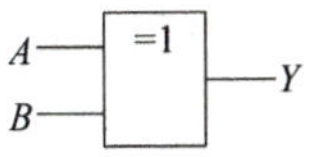

图 7-17　异或门逻辑符号

4. 同或门

同或门与"异或"运算相反，其运算符号为"⊙"。同或门逻辑符号如图 7-18 所示。"同或"运算的逻辑表达式为

$$Y = A \odot B = \overline{AB} + AB \tag{7-7}$$

由式（7-7）可得出逻辑状态表，同或门电路的特点是："同则出 1，异则出 0"。可见同或逻辑与异或逻辑互补。

$$A \odot B = \overline{A \oplus B} \qquad A \oplus B = \overline{A \odot B}$$

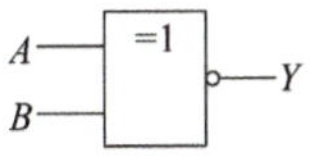

图 7-18　同或门逻辑符号

同或逻辑是异或非。因此，它的逻辑功能一般采用异或门和非门来实现。

5. 与或非门

与或非门逻辑运算为

$$Y = \overline{AB + CD} \tag{7-8}$$

实现"与或非"复合运算的电路为与非门。与或非门电路的特点是："有 1 出 0，否则出 1"。

7.1.4　组合逻辑电路的分析与设计

1. 组合逻辑电路的分析

组合逻辑电路的结构如图 7-19 所示，它有若干个输入和若干个输出，任何时刻的输出仅取决于当时的输入信号。

图 7-19　组合逻辑电路的结构

组合逻辑电路的分析就是从给定的逻辑电路图求出输出函数的逻辑功能，即求出逻辑表达式和真值表等。

尽管各种组合逻辑电路在功能上千差万别，但是它们的分析方法是共通的。其步骤一般为：

1）推导逻辑电路输出函数的逻辑表达式并化简。

推导逻辑电路输出函数的过程一般为由入向出。首先将逻辑图中各个门的输出都标上字母，然后从输入极开始，逐级推导出各个门的输出函数。

2）由逻辑表达式建立真值表。

建立真值表的方法是，首先将输入信号的所有组合列表，然后将各组合代入输出函数得到输出信号值。

3）分析真值表，判断逻辑电路的功能。

【例7.1】 试分析图7-20所示逻辑电路图的功能。

解：（1）根据逻辑图写出逻辑函数式并化简：

$$Y = \overline{\overline{A \cdot \overline{B}} \cdot \overline{\overline{AB}}} = \overline{A} \cdot \overline{B} + AB$$

（2）列真值表，见表7-6。

（3）分析逻辑功能

由真值表7-6可知：A、B相同时$Y=1$，A、B不相同时$Y=0$，所以该电路是同或逻辑电路。

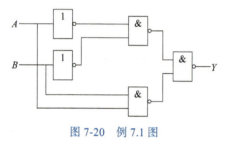

图7-20 例7.1图

表7-6 真值表

A	B	Y
0	0	1
0	1	0
1	0	0
1	1	1

2. 组合逻辑电路的设计

组合逻辑电路的设计就是在给定逻辑功能及要求的条件下，通过某种设计渠道，得到满足功能要求而且是最简单的逻辑电路，其一般步骤如下：

1）确定输入、输出变量，定义变量逻辑状态的含义。

2）将实际逻辑问题抽象成真值表。

3）根据真值表写逻辑表达式，并化简成最简与或表达式。

4）根据表达式画逻辑图。

【例7.2】 试设计一逻辑电路供三人（A、B、C）表决使用。每人有一电键，如果赞成，就按电键，表示1；如果不赞成，不按电键，表示0。表决结果用指示灯来表示，如果多数赞成，则指示灯亮，$Y=1$；反之灯不亮，$Y=0$。

解：首先确定逻辑变量，设A、B、C为三个电键，Y为指示灯。

（1）根据以上分析列出如表7-7所示的真值表。

（2）由真值表写出逻辑式：

$$Y = AB\overline{C} + A\overline{B}C + \overline{A}BC + ABC$$

化简后得到：

$$Y = \overline{\overline{AB} \cdot \overline{BC} \cdot \overline{CA}}$$

（3）根据逻辑表达式画逻辑图，如图7-21所示。

表 7-7 真值表

A	B	C	Y
0	0	0	0
0	0	1	0
0	1	0	0
0	1	1	1
1	0	0	0
1	0	1	1
1	1	0	1
1	1	1	1

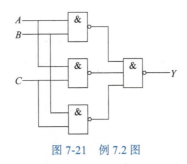

图 7-21 例 7.2 图

实践任务书 7-1　电动机报警电路设计

1. 器材

（1）与、或、非门集成电路　　　　若干
（2）指示灯　　　　　　　　　　　一个
（3）直流电源　　　　　　　　　　一个

2. 实践内容

设有甲、乙、丙三台电动机，它们运转时必须满足这样的条件：即任何时间必须有而且仅有一台电动机运行，如不满足该条件，就输出报警信号。试设计此报警电路。

1）取甲、乙、丙三台电动机的状态为输入变量，分别用 A、B 和 C 表示，并且规定电动机运转为 1，停转为 0，取报警信号为输出变量，以 Y 表示，Y=0 表示正常状态，否则为报警状态。

2）根据题意可列出如表 7-8 所示的真值表。

3）写逻辑表达式，方法有二：其一是对 Y=1 的情况写，其二是对 Y=0 的情况写。用方法一写出的是最小项表达式，用方法二写出的是最大项表达式。若 Y=0 的情况很少，也可对 Y 非等于 1 的情况写，然后再对 Y 非求反。

以下是对 Y=1 的情况写出的表达式：

$$Y = \overline{AB}C + \overline{A}B\overline{C} + A\overline{B}\,\overline{C} + AB\overline{C} + ABC$$

化简后得到：

$$Y = \overline{A}\,\overline{B}\,\overline{C} + AC + AB + BC$$

表 7-8 真值表

A	B	C	Y
0	0	0	1
0	0	1	0
0	1	0	0
0	1	1	1
1	0	0	0
1	0	1	1
1	1	0	1
1	1	1	1

4）由逻辑表达式可画出如图 7-22 所示的逻辑电路图，一般为由出向入的过程。

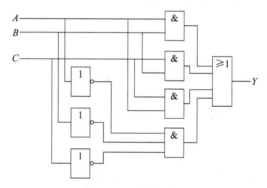

图 7-22 逻辑电路图

5）根据上述电路图进行组合逻辑电路搭建，并进行测试。

任务 7.2　时序逻辑电路的设计

7.2.1　基本 RS 触发器

触发器有两个稳定的状态，可用来表示数字 0 和 1。按结构的不同可分为：没有时钟控制的基本触发器和有时钟控制的门控触发器。基本 RS 触发器是组成门控触发器的基础，一般有与非门组成和或非门组成两种，以下介绍与非门组成的基本 RS 触发器。

1. 电路结构与符号图

用与非门组成的 RS 触发器如图 7-23 所示。图中 $\overline{S}$ 为置 1 输入端，$\overline{R}$ 为置 0 输入端，都是低电平有效，Q、$\overline{Q}$ 为输出端，一般以 Q 的状态作为触发器的状态。

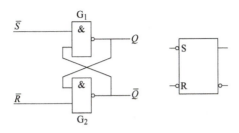

图 7-23　与非门组成的基本 RS 触发器

2. 工作原理与真值表

1）当 $\bar{R}$ =0，$\bar{S}$ =1 时，因 $\bar{R}$ =0，G_2 门的输出端 $\bar{Q}$ =1，G_1 门的两输入为 1，因此 G_1 门的输出端 Q=0。

2）当 $\bar{R}$ =1，$\bar{S}$ =0 时，因 $\bar{S}$ =0，G_1 门的输出端 Q=1，G_2 门的两输入为 1，因此 G_2 门的输出端 $\bar{Q}$ =0。

3）当 $\bar{R}$ =1，$\bar{S}$ =1 时，因 G_1 门和 G_2 门的输出端被它们的原来状态锁定，故输出不变。

4）当 $\bar{R}$ =0，$\bar{S}$ =0 时，则有 Q = $\bar{Q}$ =1。若输入信号 $\bar{S}$ =0，$\bar{R}$ =0 之后出现 $\bar{S}$ =1，$\bar{R}$ =1，则输出状态不确定。因此 $\bar{S}$ =0，$\bar{R}$ =0 的情况不能出现，为使这种情况不出现，特给该触发器加一个约束条件 $\bar{S}$ $\bar{R}$ =1。

由以上分析可得到表 7-9 所示的真值表。这里 Q^n 表示输入信号到来之前 Q 的状态，一般称为现态。同时，也可用 Q^{n+1} 表示输入信号到来之后 Q 的状态，一般称为次态。

表 7-9　基本 RS 触发器的真值表

$\bar{R}$	$\bar{S}$	Q^{n+1}	$\bar{Q}^{n+1}$
0	1	0	1
1	0	1	0
1	1	Q^n	$\bar{Q}^n$
0	0	1	1

3. 时间图

时间图也称为波形图，用时间图也可以很好地描述触发器，时间图分为理想时间图和实际时间图，理想时间图是不考虑门电路延迟的时间图，而实际时间图考虑门电路的延迟时间。由与非门组成的 RS 触发器理想时间图如图 7-24 所示。

图 7-24　RS 触发器的理想时间图

7.2.2 门控触发器

在数字系统中,为了协调一致地工作,常常要求触发器有一个控制端,在此控制信号的作用下,各触发器的输出状态有序地变化。具有该控制信号的触发器称为门控触发器。门控触发器按触发方式可分为电位触发器、主从触发器和边沿触发器三类;按逻辑功能可分为 RS 触发器、D 触发器、JK 触发器、T 触发器等四种类型。触发器的重点是它的逻辑功能和触发方式。

1. 门控 RS 触发器

(1) 电路结构与符号图

门控 RS 触发器如图 7-25 所示。图中 C 为控制信号,也称为时钟信号,记为 CP。当门控信号 C 为 1 时,R、S 信号可以通过 G_4、G_3 门,这时的门控触发器就是与非门结构的 RS 触发器;当门控信号为 0 时,RS 信号被封锁。

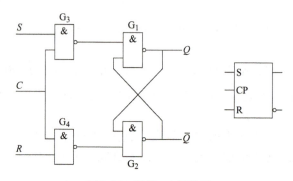

图 7-25 门控 RS 触发器

(2) 真值表

由图 7-25 可见,$C=1$ 时,S、R 的作用正好与基本 RS 触发器中的 $\overline{S}$、$\overline{R}$ 的作用相反,由此可得到门控 RS 触发器的真值表,见表 7-10。

表 7-10 门控 RS 触发器的真值表

S	R	Q	$\overline{Q}$
0	1	0	1
1	0	1	0
0	0	Q^n	$\overline{Q}^n$
1	1	无效	无效

注意,对于门控 RS 触发器,输入端 S、R 不可同时为 1,或者说 $SR=0$ 为它的约束条件。

(3) 特性表

根据以上分析可见,触发器的次态 Q^{n+1} 不仅与触发器的输入 S、R 有关,也与触发器的现态 Q^n 有关。触发器的次态 Q^{n+1} 与现态 Q^n 以及输入 S、R 之间的真值表称为特性表。由表 7-10 门控 RS 触发器的真值表可得到其特性表,见表 7-11。

表 7-11 门控 RS 触发器的特性表

S	R	Q^n	Q^{n+1}	
0	0	0	0	
0	0	1	1	
0	1	0	0	
0	1	1	0	
1	0	0	1	
1	0	1	1	
1	1	0	1	不允许
1	1	1	1	

（4）特性方程

触发器的次态 Q^{n+1} 与现态 Q^n 以及输入 S、R 之间的关系式称为特性方程。由特性表可得门控 RS 触发器的特性方程为

$$Q^{n+1} = S + \overline{R}Q^n$$

$RS=0$（约束条件）

2. 门控 D 触发器

把门控 RS 触发器做成图 7-26 的形式，有 $S=D$，$R=\overline{D}$，将这两式代入 $Q^{n+1} = S + \overline{R}Q^n$，得到其特性方程为

$$Q^{n+1} = D + \overline{\overline{D}}Q^n = D + DQ^n = D$$

该形式的触发器称为 D 触发器或 D 锁存器。

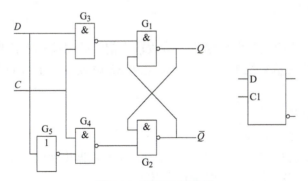

图 7-26 门控 D 触发器

3. 门控 JK 触发器

门控 JK 触发器的电路如图 7-27 所示，与门控 RS 触发器相比较，$S=J$，$R=KQ$。将 $S=J$，$R=KQ$ 代入门控 RS 触发器的特性方程后，得到门控 JK 触发器的特性方程为

$$Q^{n+1} = J\overline{Q}^n \oplus \overline{K}Q^n$$

同时也可以看到，JK 触发器不需要约束条件，它的真值表见表 7-12。

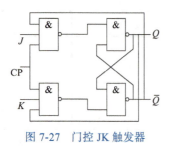

图 7-27　门控 JK 触发器

表 7-12　门控 JK 触发器的真值表

J	K	Q^{n+1}
0	0	Q^n
0	1	0
1	0	1
1	1	$\bar{Q}^n$

4. 门控 T 触发器

图 7-28 所示电路是由门控 JK 触发器组成的门控 T 触发器。令 $J=K=T$ 代入 JK 触发器的特性方程，得到 T 触发器的特性方程为

$$Q^{n+1} = T\bar{Q}^n + \bar{T}Q^n$$

所谓 T 触发器就是有一个控制信号 T，当 T 信号为 1 时，触发器在时钟脉冲的作用下不断地翻转，而当 T 信号为 0 时，触发器状态保持不变的一种电路。

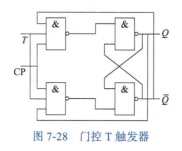

图 7-28　门控 T 触发器

7.2.3　主从触发器

主从触发器由两个门控触发器组成，接收输入信号的门控触发器称为主触发器，提供输出信号的触发器称为从触发器。下面介绍主从 RS 触发器、主从 D 触发器和主从 JK 触发器。

1. 主从 RS 触发器

（1）电路结构与工作原理

电路结构与逻辑符号如图 7-29 所示。主从 RS 触发器由两级与非结构的门控 RS 触发器串联组成，各级的门控端由互补时钟信号控制。

1）当时钟信号 CP=1 时，主触发器控制门信号为高电平，R、S 信号被锁存到 Q^m 端，从触发器由于门控信号为低电平而被封锁。

2）当时钟信号 CP=0 时，主触发器控制门信号为低电平而被封锁，从触发器的门控信号为高电平，所以从触发器接收主触发器的输出信号。

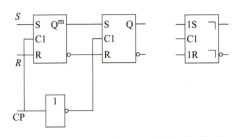

图 7-29　主从 RS 触发器结构与逻辑符号

（2）特性方程

从以上分析可见，主从 RS 触发器的输出 Q 与输入 R、S 之间的逻辑关系仍与可控 RS 触发器的逻辑功能相同，只是 R、S 对 Q 的触发分两步进行，时钟信号 CP=1 时，主触发器接收 R、S 送来的信号；时钟信号 CP=0 时，从触发器接收主触发器的输出信号。故主从触发器的特性方程仍为

$$Q^{n+1} = S + \overline{R}Q^n$$

约束条件为　　　　　　　　　　$SR=0$

2. 主从 D 触发器

（1）结构与工作原理

使用两个 D 锁存器可以构成一个主从 D 触发器，其结构与逻辑符号如图 7-30 所示，两个锁存器分别由 CP 信号门控，当 CP=0 时，主 D 锁存器控制门被打开；当 CP=1 时，从 D 锁存器控制门被打开。

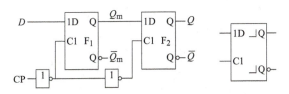

图 7-30　主从 D 触发器结构与逻辑符号

（2）特性方程

与主从 RS 触发器类似，主从 D 触发器使用两个 D 锁存器构成，只是改变了触发器的触发方式，并没有改变其功能，故其特性方程仍为

$$Q^{n+1} = D$$

3. 主从 JK 触发器

（1）结构与符号图

主从 RS 触发器加二反馈线组成的主从 JK 触发器如图 7-31 所示。

（2）特性方程

将 $S=J\overline{Q}^n$，$K=RQ^n$ 代入主从 RS 触发器的特性方程后，得到主从 JK 触发器的特性方程为

$$Q^{n+1} = J\overline{Q}^n + \overline{K}Q^n$$

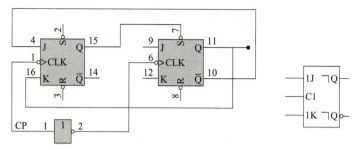

图 7-31 主从 JK 触发器结构与逻辑符号

7.2.4 边沿触发器

主从触发器需要时钟的上升沿和下降沿才能正常工作,下面介绍一种只需要一个时钟上升沿(或下降沿)就能工作的触发器,这就是边沿触发器。

边沿触发器从类型上可分为 RS 边沿触发器、D 边沿触发器、JK 边沿触发器等,从结构上可分为维持阻塞边沿触发器、利用传输延迟时间的边沿触发器等。

1. 维持阻塞 D 触发器

(1)电路结构与符号图

图 7-32 是维持阻塞 D 触发器的电路和逻辑符号。图 7-32 中 G_1 和 G_2 组成基本 RS 触发器,G_3 和 G_4 组成门控电路,G_5 和 G_6 组成数据输入电路。

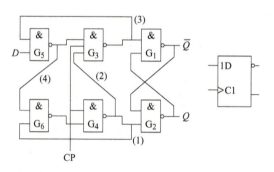

图 7-32 维持阻塞 D 触发器

(2)工作原理和特性方程

在 CP=0 时,G_3 和 G_4 两个门被关闭,它们的输出 $G_{3OUT}=1$,$G_{4OUT}=1$,所以 D 无论怎样变化,D 触发器保持输出状态不变。

但数据输入电路的 $G_{5OUT}=\overline{D}$,$G_{6OUT}=D$。CP 上升沿时,G_3 和 G_4 两个门被打开,它们的输出只与 CP 上升沿瞬间 D 的信号有关。

当 D=0 时,使 $G_{5OUT}=1$,$G_{6OUT}=0$,$G_{3OUT}=0$,$G_{4OUT}=1$,从而 Q=0。

当 D=1 时,使 $G_{5OUT}=0$,$G_{6OUT}=1$,$G_{3OUT}=1$,$G_{4OUT}=0$,从而 Q=1。

在 CP=1 期间,若 Q=0,由于(3)线(又称置 0 维持线)的作用,仍使 $G_{3OUT}=0$,由于(4)线(又称置 1 阻塞线)的作用,仍使 $G_{5OUT}=1$,从而触发器维持不变。

在 CP=1 期间,若 Q=1,由于(1)线(又称置 1 维持线)的作用,仍使 $G_{4OUT}=0$,由于（2）线（又称置0阻塞线）的作用，仍使 $G_{3OUT}=1$，从而触发器维持不变。

维持阻塞 D 触发器的特性方程与主从 D 触发器的相同。

2. 利用传输延迟时间的边沿触发器

利用传输延迟时间的 JK 边沿触发器的电路与逻辑符号如图 7-33 所示。由图 7-33 可以看出，G_1、G_3、G_4 和 G_2、G_5、G_6 组成 RS 触发器，与非门 G_7 和 G_8 组成输入控制门，而且 G_7 和 G_8 门的延迟时间比 RS 触发器长。

触发器置 1 过程（设触发器初始状态 $Q=0$，$\overline{Q}=1$，$J=1$，$K=0$）：

当 CP=0 时，门 $G_{3OUT}=0$、$G_{6OUT}=0$、$G_{7OUT}=1$ 和 $G_{8OUT}=1$，$G_{4OUT}=1$ 和 $G_{5OUT}=0$，RS 触发器输出保持不变。

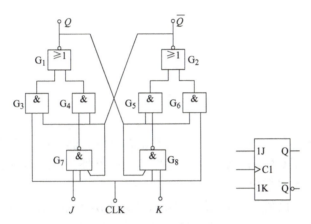

图 7-33　利用传输延迟时间的边沿触发器

当 CP=1 时，门 G_3 与 G_6 解除封锁，接替 G_4 与 G_5 门的工作，保持 RS 触发器输出不变，经过一段延迟后 $G_{7OUT}=\overline{J \cdot \overline{Q} \cdot CP}=0$ 和 $G_{8OUT}=\overline{K \cdot Q \cdot CP}=1$。

当 CP 下降沿到来时，首先 $G_{3OUT}=\overline{CP \cdot \overline{Q}}=0$，$G_{4OUT}=\overline{CP \cdot Q}=0$，而 $G_{7OUT}=0$ 和 $G_{8OUT}=1$ 的状态由于 G_7 和 G_8 存在延迟时间暂时不会改变，这时会出现短暂的 $G_{3OUT}=0$，$G_{4OUT}=0$ 的状态，使 $Q=G_{1OUT}=1$。随后使 $G_{5OUT}=1$，$\overline{Q}=G_{2OUT}=0$，$G_{3OUT}=0$，$G_{4OUT}=0$。

经过短暂的延迟之后，$G_{7OUT}=1$ 和 $G_{8OUT}=1$，但是对 RS 触发器的状态已无任何影响，同时由于 CP=0，使 G_7 和 G_8 即使 J 和 K 发生变化对触发器也不会有任何影响。

触发器置 0 过程：由于触发器对称，所以触发器置 0 过程同置 1 过程基本相同。

7.2.5　555 定时器的电路结构及其工作原理

555 定时器电路是一个中规模的集成电路，可以由 TTL 电路或 CMOS 电路构成。它是一种能产生时间延迟和多种脉冲信号的控制电路。只要在外部配上几个适当的电阻元件，就可以构成单稳态触发器、多谐振荡器以及施密特触发器等脉冲产生与整形电路，在工业自动控制、定时、仿声和防盗报警等方面有广泛的应用。

555 定时器电路结构如图 7-34 所示。

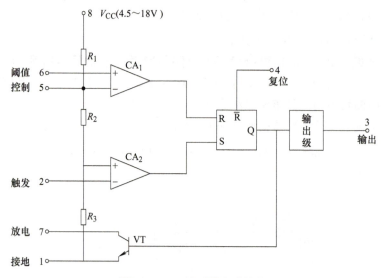

图 7-34　555 定时器电路结构

555 定时器电路包含两个比较器，它们是由差分放大器和恒流源组成。两个比较器结构完全相同。除了包括 CA_1 和 CA_2 这两个高精度比较器外，定时器还由 RS 双稳态触发器、放电晶体管和功率输出级构成。

当控制端 5 无外加控制电压及直流电路时，CA_1 的反相输入端的基准电压 $V_{th1}=2V_{CC}/3$，同相输入端 6 为阈值电压输入端，用于监测外接定时电路的电容 C_7 上的电压；CA_2 的同相输入端的基准电压 $V_{th2}=V_{CC}/3$，反相输入端 2 为触发电压输入端，两电压比较器的输出控制 RS 双稳态触发器的工作状态。4 引脚为复位端，当其为低电平时，电路优先复位。3 引脚输出为低电平。控制端 5 是比较器 CA_1 的基准电压端，通过外接元件或电压源可改变控制端的电压值，即可改变比较器 CA_1、CA_2 的参考电压。不用时可将它与地之间接一个 0.01μF 的电容，以防止干扰电压引入。555 定时器的电源电压范围为 4.5～18V，输出电流可达 100～200mA，能直接驱动 α 型电机、继电器和低阻抗扬声器。

555 芯片外引线排列图为双列直插式，如图 7-35 所示。555 定时器功能表见表 7-13。

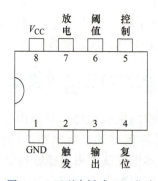

图 7-35　双列直插式 555 芯片

表 7-13　555 定时器功能表

输入			输出	
阈值（6）	触发（2）	复位（4）	输出（3）	放电 VT（7）
—	—	0	0	导通
$<(2/3)V_{CC}$	$<(1/3)V_{CC}$	1	1	截止
$>(2/3)V_{CC}$	$>(1/3)V_{CC}$	1	0	导通
$<(2/3)V_{CC}$	$>(1/3)V_{CC}$	1	不变	不变

7.2.6　555 定时器的应用

单稳态电路如图 7-36 所示。

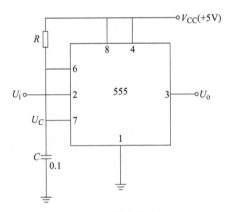

图 7-36　单稳态电路

当电源接通后，V_{CC} 通过电阻 R 向电容 C 充电，待电容上电压 U_C 上升到 $2V_{CC}/3$ 时，RS 触发器置 0，即输出 U_o 为低电平，同时电容 C 通过晶体管 VT 放电。当触发端 2 的外接输入信号电压 $U_i<V_{CC}/3$ 时，RS 触发器置 1，即输出 U_o 为高电平，同时，晶体管 VT 截止。电源 V_{CC} 再次通过 R 向 C 充电。输出电压维持高电平的时间取决于 RC 的充电时间，$t=t_\omega$ 时，电容上的充电时间为

$$U_C = V_{CC}(1-e^{-\frac{t_\omega}{RC}}) = \frac{2}{3}V_{CC} \tag{7-9}$$

所以输出电压的脉宽

$$t_\omega = RC\ln 3 \approx 1.1RC \tag{7-10}$$

一般取 $R=1\mathrm{k}\Omega \sim 10\mathrm{M}\Omega$，$C>1000\mathrm{pF}$。

值得注意的是：U_i 的重复周期必须大于 t_ω，才能保证每一个正倒置脉冲起作用。单稳态的暂态时间与 V_{CC} 无关。因此用 555 定时器组成的电路可以作为较精确定时器。

555 定时器（以下简称"555"）组成的单稳态触发器的应用十分广泛，以下为几种典型的应用实例。

1. 触摸开关电路

555 组成的单稳态触发器可以用作触摸开关，电路如图 7-37 所示。静态时无触发脉冲输入，555 的输出为低电平，即 $U_o=0$，发光二极管 VL 不亮；当 2 端输入一负脉冲时，555 的内部比较器 CA_2 翻转，使输出变为高电平，即 $U_o=1$，发光二极管亮，直到电容 C 上的电压充到 $U_C=2V_{CC}/3$，由式（7-10）可得发光二极管亮的时间为 $t_\omega=1.1RC=1.1s$。

该触摸开关电路可以用于触摸报警、触摸报时、触摸控制等。

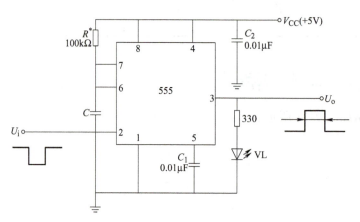

图 7-37 触摸开关电路

电路输出信号的高低电平与数字逻辑电平兼容。图中 C_1 为高频滤波电容，以保持 $2V_{CC}/3$ 的基准电压稳定，一般取 $0.01\mu F$。C_2 用来滤除电源电流跳变引入的高频干扰，一般取 $0.01 \sim 0.1\mu F$。

2. 脉冲宽度检测器

图 7-38 所示为脉冲宽度检测器电路，可用来检测输入脉冲的宽度 t_1。其中 555 与 R_2C_2 组成基本的单稳态触发器，晶体管 VT_1、VT_2 工作在开关状态。电路工作原理是：输入脉冲 A 未来到时，VT_1 截止，555 的输出 C 为低电平，VT_2 亦截止，因此电路的输出端 D 为低电平。输入脉冲 A 的正跳变来到时，VT_1 导通，B 点变为低电平，C 变为高电平，VT_2 导通，输出 D 仍为低电平，低电平的持续时间由单稳态触发器的延迟时间 t_2 决定，$t_2=1.1R_2C_2$。如果被测脉冲的宽度 t_1 大于 t_2，当 C 变为低电平时，VT_2 截止，由于 A 仍为高电平，所以 D 变为高电平，D 的高电平持续时间 t_3 由 t_1 决定，即 A 变为低电平时，D 也变为低电平。由图 7-38b 可知，输入脉冲的宽度 t_1 可表示为

$$t_1=t_2+t_3=1.1R_2C_2+t_3$$

上式表明，只有当触发脉冲的宽度 t_1 大于延迟时间 t_2 时，电路的输出脉冲 D 才有可能产生。

3. 多谐振荡器及其应用

（1）方波发生电路

如图 7-39 所示为占空比可调的多谐振荡器构成的方波发生电路。

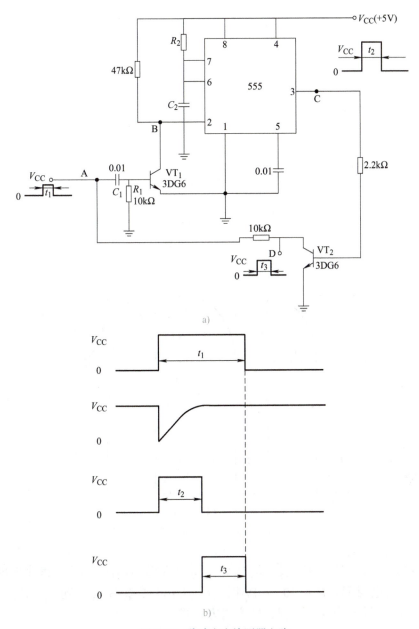

图 7-38 脉冲宽度检测器电路
a）脉冲宽度检测器电路 b）各波形电路

由于接入了隔离二极管，使电路中定时电容 C_T 的充放电路分开。电源接通 V_{CC} 时，$u_{CT}=0$，定时电路处于置位状态，$U_o=$ "1"，放电管 VT 截止，由 $+V_{CC}$ 经 R_1、VD_1 对 C_T 充电，u_{CT} 上升，当 $u_{CT}=u_{th1}=2V_{CC}/3$ 时，定时电路转为复位状态，$U_o=$ "0"，放电管 VT 导通，C_T 经 VD_2、R_2 及放电管 VT 放电，u_{CT} 下降，至 $u_{CT}=u_{th2}=V_{CC}/3$ 时，定时电路又转到置位状态，$U_o=$ "1"，VT 截止，C_T 又开始被充放电，循环而形成振荡。

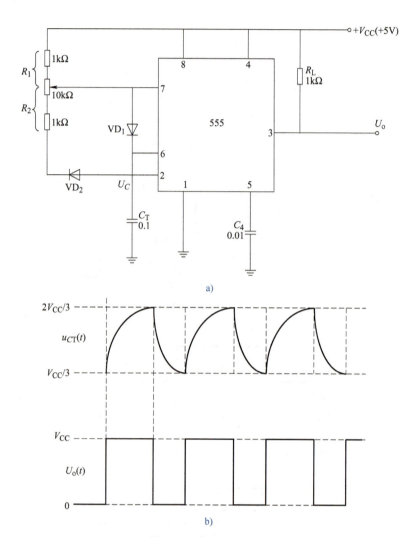

图 7-39 方波发生电路

振荡稳定后，$U_o=$ "1" $=V_{CC}$ 时，C_T 从 $u_{th2}=V_{CC}/3$ 充电到 $u_{th1}=2V_{CC}/3$，充电时间常数 $\tau_1 = R_1C_T$，设 t_1 为充电时间。$U_o=$ "0" $=0V$ 时，C_T 从 $u_{th1}=2V_{CC}/3$ 放电到 $u_{th2}=V_{CC}/3$，放电时间常数 $\tau_2 = R_2C_T$，设 t_2 为放电时间，由充电方程式：

$$u_{CT}(t_1) = \left(V_{CC} - \frac{V_{CC}}{3}\right)\left[1 - \exp\left(-\frac{t}{t_1}\right)\right] + \frac{V_{CC}}{3} = \frac{2V_{CC}}{3}$$

可得：

$$t_1 = \tau_1 \ln 2 \approx 0.693\tau_1 = 0.693R_1C_T$$

同理：

$$t_2 = \tau_2 \ln 2 \approx 0.693\tau_2 = 0.693R_2C_T$$

振荡周期和频率分别为 $T_O = t_1 + t_2 \approx 0.693(R_1 + R_2)C_T$

$$f_O = \frac{1}{T_O} \approx \frac{1.443}{(R_1 + R_2)C_T}$$

电路输出方波信号的占空比系数 q 为 $q = \frac{t_1}{T_O} = \frac{R_1}{R_1 + R_2}$

调节电路中的电位器，可得占空比系数调节范围为 8.3% ～ 91.3%。

（2）可编程谐振器

如图 7-40 所示，当开关接通时，其两端电阻应尽可能小，R_{on}=240 ～ 1050Ω，断开时，两端电阻尽可能大，R_{off} > 几百千欧。电子开关功耗低，速度高，电源电压范围为 ±15V，否则会使 R_{on} 增加，R_{off} 减小，容易损坏开关。

图 7-40 中利用模拟电子开关 4016，选用 1.5MΩ 定时电阻 R_{t1}^*，当控制输入端为高电平时，S_1 导通，输出 100Hz 的负脉冲；当控制输入端为低电平时，S_2 导通，选择 1.2MΩ 的定时电阻 R_{t2}^*，输出 120Hz 的脉冲。

由上面的 555 充放电方程式可得：

S_1 导通时： $\tau_1 = R_{t1}^* C_2$, $t_1 = \tau_1 \ln 2 = 0.693\tau_1$;

$$\tau_1' = R_1 C_2, \quad t_1' = \tau_1' \ln 2 = 0.693\tau_1'$$

式中，τ_1、t_1 代表充电；τ_1'、t_1' 代表放电。

振荡频率和周期为：$T_1 = t_1 + t_1' = 0.693(R_{t1}^* + R_1)C_2$

$$f_1 = \frac{1}{T_1} = \frac{1}{0.693(R_{t1}^* + R_1)C_2} = \frac{1.443}{(R_{t1}^* + R_1)C_2}$$

同理可得 S_2 导通时的周期和频率为

$$T_2 = 0.693(R_{t2}^* + R_1)C_2$$

$$f_2 = \frac{1}{T_2} = \frac{1}{0.693(R_{t2}^* + R_1)C_2} = \frac{1.443}{(R_{t2}^* + R_1)C_2}$$

如果选通开关用 4 选 1、8 选 1，就可输出更多的频率。

（3）模拟声响电路

图 7-41 所示是用两个多谐振荡器构成的模拟声响电路。这种模拟声响发生器是由两个多谐振荡器组成。振荡频率较低，另一个振荡频率受其控制。例如可调节定时元件 R_{A1}、R_{A2}、C_1 使振荡器 I 的 f=1Hz，调节 R_{B1}、R_{B2}、C_2 使振荡器 II 的 f=1kHz，那么扬声器就会发出呜呜呜……的声音。

实践任务书 7-2　555 定时器驱动电动机起停

1. 器材

（1）555 定时器　　　　　　　　　　　　一个
（2）电源　　　　　　　　　　　　　　　一个

（3）电阻、电容　　　　　　　若干
（4）微电动机　　　　　　　　一个
（5）按钮　　　　　　　　　　二个

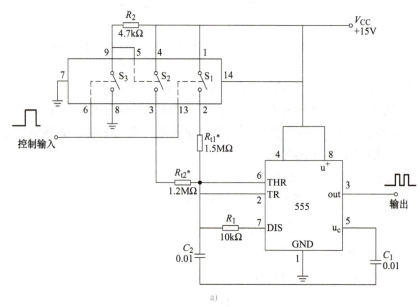

a)

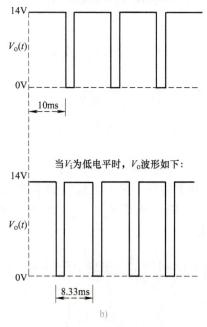

b)

图 7-40　可编程谐振器

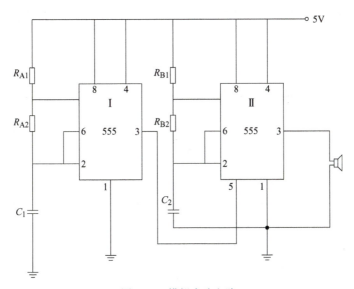

图 7-41 模拟声响电路

2. 实践内容

请根据图 7-42 进行电路搭建，并进行调试。其中：

1）仅按下 S_1，则 $u_o=1$，电动机转动；即使放开 S_1，u_o 保持为 1，电动机继续转动。

2）仅按下 S_2，则 $u_o=0$，电动机停止转动；即使放开 S_2，u_o 保持为 0，电动机仍然不会转动。

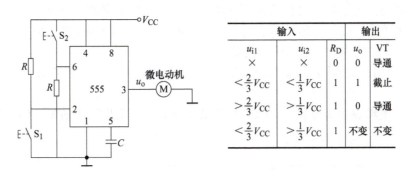

图 7-42 555 定时器驱动电动机起停

思考与练习

7.1 设一位二进制全加器的被加数为 A_i，加数为 B_i，本位之和为 S_i，向高位进位为 C_i，来自低位的进位为 C_{i-1}，根据真值表 7-14：

（1）写出逻辑表达式；

（2）画出其逻辑图。

表 7-14 题 7.1 表

A_i	B_i	C_{i-1}	C_i	S_i
0	0	0	0	0
0	0	1	0	1
0	1	0	0	1
0	1	1	1	0
1	0	0	0	1
1	0	1	1	0
1	1	0	1	0
1	1	1	1	1

7.2 分析如图 7-43 所示的逻辑电路：
（1）列真值表；（2）写出逻辑表达式；（3）说明其逻辑功能。

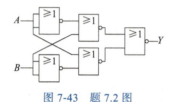

图 7-43 题 7.2 图

7.3 简单回答组合逻辑电路的设计步骤。

7.4 某个车间有红、黄两个故障指示灯，用来表示 3 台设备的工作情况。如一台设备出现故障，则黄灯亮；如两台设备出现故障，则红灯亮；如 3 台设备同时出现故障，则红灯和黄灯都亮。试用与非门和异或门设计一个能实现此要求的逻辑电路。
（1）列真值表；（2）写出逻辑表达式；（3）根据表达式特点将其化成与非式，或者是异或式；（4）根据化成的表达式画出逻辑图。

7.5 有一组合逻辑电路如图 7-44a 所示，其输入信号 A、B 的波形如图 7-44b 所示。问：
（1）写出逻辑表达式并化简；（2）列出真值表；（3）画出输出波形；（4）描述该电路的逻辑功能。

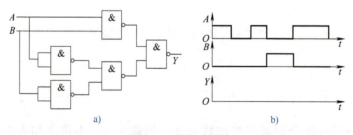

图 7-44 题 7.5 图

7.6 根据下列各逻辑表达式画出相应的逻辑图。
（1）$Y_1=AB+AC$；（2）$Y_2=\overline{AB}+A\overline{C}$。

7.7 根据下列逻辑图写出相应的逻辑表达式并化简（图 7-45）。

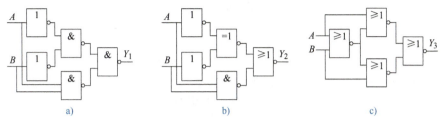

图 7-45 题 7.7 图

7.8 输入波形如图 7-46 所示，试画出下列各表达式对应的输出波形。
（1）$Y = \overline{A+B}$ （2）$Y = \overline{AB}$ （3）$Y = A\overline{B} + \overline{A}B$

7.9 试将 JK 触发器、D 触发器构成 T′ 触发器。

7.10 设同步 RS 触发器初始状态为 1，R、S 和 CP 端输入信号如图 7-46 所示，画出相应的 Q 和 $\overline{Q}$ 的波形。

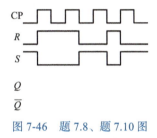

图 7-46 题 7.8、题 7.10 图

7.11 设边沿 JK 触发器的初始状态为 0，请画出在图 7-47 所示 CP、J、K 信号作用下触发器 Q 和 $\overline{Q}$ 端的波形。

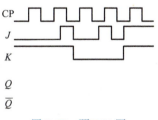

图 7-47 题 7.11 图

7.12 设维持阻塞 D 触发器初始状态为 0 态，试画出在图 7-48 所示的 CP 和 D 信号作用下触发器 Q 端的波形。

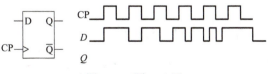

图 7-48 题 7.12 图

参 考 文 献

[1] 何军. 电工电子技术项目教程 [M]. 北京：电子工业出版社，2021.
[2] 陈高锋. 电工电子技术项目教程 [M]. 西安：西安电子科技大学出版社，2018.
[3] 贾永兴. 电工电子技术基础 [M]. 北京：机械工业出版社，2023.
[4] 程智宾. 电工技术一体化教程 [M]. 北京：机械工业出版社，2022.
[5] 张仁醒. 电工技能实训基础 [M]. 西安：西安电子科技大学出版社，2021.